Inhaltsverzeichnis

Abbildungsverzeichnis

Einleitung

Vielen Dank, dass Sie dieses Buch gekauft haben und sich aktiv mit der Energiewende beschäftigen. Die Abkehr von fossilen Brennstoffen hin zu erneuerbaren Energien ist ein wichtiger Schritt weg von CO2-Emissionen und hin zu einer saubereren Umwelt, in der der globale Klimawandel aufgehalten bzw. gebremst wird.

Für viele Menschen sind regenerative Energien schon lange ein Thema. Ich erinnere mich noch sehr gut daran, wie ich kurz nach dem Millennium in einem Schulreferat das erste Mal etwas von Solarenergie gehört habe. Seit diesem Moment faszinier mich dieses Thema und ich konnte kein derartiges Projekt zunächst umsetzen. Die Vorschläge, die ich meinen Eltern damals gemacht habe, dass wir doch auf dem Dach unseres Reihenhauses eine Photovoltaikanlage installieren könnten, wurden mit diversen Argumenten abgelehnt oder schlicht belächelt.

20 Jahre später bewohne ich nun mit Frau und Kind eine Eigentumswohnung und ich hatte den alten Wunsch nach selbst produziertem Strom ehrlich gesagt schon abgeschrieben, da wir ja kein Haus mit eigenem Dach haben. Eines Abends sahen wir im Fernsehen eine Dokumentation über die Elektrifizierung in Afrika. Hierbei wurden vor allem die Vorteile einer dezentralen Stromproduktion mit Mikroanlagen gegenüber einer zentralen Lösung aufgezeigt. Natürlich ist weder die Infrastruktur noch die Besiedlung Afrikas mit der von Europa zu vergleichen. Dennoch faszinierten mich diese kleinen Photovoltaikanlagen, die dort häufig als Inselanlage betrieben werden,

und ich machte mich in den Weiten des Internets auf die Suche nach etwas Vergleichbarem. Bei meiner Recherche bin ich schnell über den Begriff „Balkonkraftwerk" gestolpert und habe begonnen mich mit dem Thema näher auseinanderzusetzen. Seit diesem Zeitpunkt lässt mich die Faszination nicht mehr los und wir haben uns ein eigenes Balkonkraftwerk gekauft, das wir nach anfänglichen Schwierigkeiten inzwischen auf unserer Dachterrasse bzw. an der Hausfassade installiert und in Betrieb genommen haben. Das Problem hierbei lag darin, dass auf Grund von Corona lange Zeit keine Eigentümerversammlung stattgefunden hat und wir so keine Bewilligung durch die anderen Eigentümer hatten für die Montage am Gemeinschaftseigentum.

Meine Familie haben wir ebenfalls mit diesem „Virus" angesteckt, sodass auch dort inzwischen mehrere Anlagen an das Netz gegangen sind und inzwischen Strom produzieren. Ich bin der festen Überzeugung, dass noch weitere Anlagen folgen werden

Auf den folgenden Seiten präsentiere ich Ihnen die wichtigsten Informationen rund um das Thema Balkonkraftwerk und zeige Ihnen zahlreiche Montagebeispiele.

Ich wünsche Ihnen viel Spaß bei der Lektüre dieses Buchs sowie der anschließenden Umsetzung Ihres eigenen Projekts zur Stromgewinnung.

Ihr

Michael Beutel

1. Definition Erneuerbare Energien

„Unter Erneuerbare Energien, auch regenerative Energien genannt, versteht man Energieträger, die unendlich zur Verfügung stehen beziehungsweise in kürzerer Zeit wieder nachwachsen können – im Gegenteil zu fossilen Energieträgern wie Kohle oder Erdgas. Zu Erneuerbaren Energieträgern zählen Wasserkraft, Solar- und Windenergie, Biomasse sowie Geothermie (Kraftwerke, 2022).*"*

Wie die Definition zeigt gibt es nicht die eine erneuerbare Energie, sondern eine große Vielzahl an verschiedenen erneuerbaren Energien. In dieser Vielfalt liegt auch deren große Stärke begründet: Je nach örtlicher Gegebenheit macht die eine oder andere mehr Sinn und sollte forciert werden. So steigt mit zunehmender Nähe zum Äquator der Wirkungsgrad von Solaranlagen, wohingegen Windkraftanlagen z.B. in Küstennähe mehr Sinn machen. Doch die Definition zeigt noch einen weiteren Vorteil, der sich im Endeffekt bereits im Namen verbirgt. Die zu Grunde liegenden Energiequellen sind quasi unendlich verfügbar. Wasserkraft, Solar- und Windenergie sowie Geothermie stehen unbegrenzt zur Verfügung und müssen nur noch geeignete Anlagen nutzbar gemacht werden. Dies gilt im Prinzip auch für Biomasse, hierfür werden jedoch häufig spezielle Pflanzen wie Raps oder Mais angebaut, die dann in speziellen Verfahren aufbereitet und anschließend als Öl oder Methan genutzt werden.

2. Die Entwicklung Erneuerbarer Energien

Es ist festzuhalten, dass Erneuerbare Energien seit jeher auf unterschiedliche Arten von Menschen genutzt werden, um diesen das Leben zu erleichtern oder um damit Maschinen zu betreiben. Sind diese Geräte zu Beginn der Entwicklung noch eher rudimentär, gewinnen diese im Laufe der Jahrtausende stetig an Komplexität und werden in ihrem Wirkungsgrad laufend optimiert.

Werden in der Vorzeit neben diesen natürlichen Energiequellen hauptsächliche menschliche und tierische Muskelkraft als Energiequelle verwendet, ändert sich dieses Bild im Zuge der industriellen Revolution im 19. Jahrhundert. Hier geraten die erneuerbaren Energien in den Hintergrund und werden von fossilen Brennstoffen wie Kohle und Erdöl verdrängt, da diese zum damaligen Zeitpunkt einen höheren Wirkungsgrad haben. Im wahrsten Sinne des Wortes befeuert wird diese Entwicklung durch die Erfindung der Dampfmaschine. Diese ermöglicht es erstmals im großen Stile Industrieanlagen rund um die Uhr zu bewegen und die hierfür benötigte Anzahl an Arbeitern zu reduzieren. Gleichzeitig revolutioniert die Dampfmaschine den Güter- und Personenverkehr, denn plötzlich können große Mengen relativ unkompliziert zunächst auf dem Wasser und der Schiene, und später auch auf Straßen und in der Luft transportiert werden.

Inzwischen ist allgemein anerkannt, dass die weltweiten Vorkommen an fossilen Brennstoffen begrenzt sind und die permanente Freisetzung von CO_2 in die Atmosphäre zu einer Erhöhung der globalen Durchschnittstemperatur führt. Dieses Phänomen wird häufig als Klimawandel bezeichnet, der sich auch durch immer häufiger auftretende Wetter-Extrema und steigende Meeresspiegel äußert. In den vergangenen Jahrzehnten stehen daher fossile Brennstoffe immer wieder im Kreuzfeuer der Medien und öffentlichen Meinung. In den vergangenen Jahren wurde die Kritik an deren Nutzung immer lauter und hat u.a. durch gezielte Aktionen von „Fridays for future" viele Menschen von der Notwendigkeit einer Energiewende überzeugt oder wenigstens das Interesse dafür geweckt.

Auf den folgenden Seiten erhalten Sie einen kurzen Überblick über die geschichtliche Entwicklung sowie die aktuelle Nutzung der vier Hauptnutzungsformen der erneuerbaren Energien: Wasserkraft, Solar- und Windenergie sowie Biomasse.

2.1 Wasserkraft

Bereits vor 5000 Jahren werden Wasserkraftwerke errichtet, um damit Mühlen anzutreiben, in denen Getreide gemahlen wird. Bereits die Römer haben dieses System dahingehend optimiert, dass sie künstliche Wasserläufe mit kleinen Wasserfällen bzw. Stufen anlegen und so mehrere Mühlen in Reihe schalten. Auf diese Art wird die vorhandene Fließenergie optimal ausgenutzt. Diese Technologie wird über die Jahrtausende immer weiter verfeinert und so entsteht 1890 in Bad Reichenhall die erste deutsche Wasserkraftanlage zur Stromerzeugung. 2021 werden in Deutschland auf diese Art insgesamt 5.606 Megawatt Strom produziert.

Der Nachteil von Wasserkraftwerken besteht darin, dass sie häufig in Kombination mit Stauseen errichtet und so große Landschaften zerstört bzw. verändert werden.

Abbildung 1: Der Brombachsee im fränkischen Seenland (Landeskraftwerke, 2022)

In den 1990er Jahren wird das fränkische Seenland errichtet, zu dem unter anderem der Brombachsee zählt, der bei einer Wasserfläche von 12,1 km2 im Durchschnitt 1,2 Mio. kWh pro Jahr produziert.

Abbildung 2: Das Krafthaus ist kaum sichtbar in die Landschaft integriert (Landeskraftwerke, 2022)

Abbildung 3: Im Inneren des Krafthauses sind zwei Maschinensätze: Durchstromturbine (blau) und Generator (rot) mit Getriebe (grau) (Landeskraftwerke, 2022)

Der Stausee erfüllt neben der Stromerzeugung aber noch zwei weitere Ziele. Zum einen dient der Brombachsee als Trinkwasserreservoir für Nordwestbayern. Zum anderen wird das Gebiet seit der Inbetriebnahme 1996 touristisch erschlossen und aktiv als Naherholungsgebiet für das Umland beworben und genutzt.

Allein in Bayern werden derzeit von staatlicher Seite 21 Wasserkraftwerke betrieben, die einen nicht unerheblichen Anteil zur Grundlast beitragen (Landeskraftwerke, 2022).

2.2 Windenergie

Windenergie wird bereits im vorindustriellen Zeitalter durch Windräder und Windmühlen nutzbar gemacht. Zu dieser wird die kinetische Energie natürlich noch nicht in Strom umgewandelt, sondern beispielsweise zum Betreiben von Mühlsteinen oder Pumpen verwendet. Erste Versuche diese Kraft in Elektrizität umzuwandeln finden zwischen 1930 und 1950 sowohl in den USA, als auch in Deutschland statt. Diese ersten Anlagen liefern zwar wichtige Erkenntnisse über diese Art der Stromerzeugung, funktionieren jedoch nicht dauerhaft stabil. Dies gelingt erstmals in Dänemark mit der sogenannten Gedser-Windkraftanlage (Kraftwerke, 2022).

Die Dänen entwickeln ein simples und zugleich cleveres Design: drei Flügel, ein Getriebe sowie ein Generator, der den erzeugten Strom direkt in das Netz einspeist. Was damals noch revolutionär ist, gilt heute eher als Standard und ist inzwischen millionenfach nachgebaut. In den 1980er Jahren wurden ca. 16.000 kleiner Windkraftanlagen in Kalifornien errichtet.

Abbildung 4: Ein Windpark im Kalifornien der 1980er Jahre (Orsted, 2022)

Ein Großteil davon wird aus Nordeuropa über den Atlantik dorthin exportiert. Etwa zeitgleich beginnen die Dänen erste Windparks auf dem Wasser, sogenannte Offshore-Windparks zu installieren.

Das Erneuerbare-Energien-Gesetz (EEG) sieht vor, dass in Deutschland im Jahr 2030 71 Gigawatt Windenergie an Land installiert sein soll. Das Bundeswirtschaftsministerium sieht sogar 80 Gigawatt als Ziel an. Um dies zu erreichen sind zwei Dinge erforderlich. Zum einen müssen mehr geeigneten Fläche für diese Art der Stromerzeugung zur Verfügung gestellt werden. Zum anderen muss unverzüglich damit begonnen werden diese auszuweisen und auch zu bebauen (Umweltbundesamt, 2022).

Um diesen Ausbau guten Gewissens vorantreiben zu können, wurden die Anlagen und die für die Errichtung zuständigen Gesetze, die den Schutz für Mensch und Umwelt in den Vordergrund rücken, in den vergangenen Jahrzehnten kontinuierlich verbessert. So regelt beispielsweise die „Technische Anleitung zum Schutz gegen Lärm" ganz klar welche Emissionsrichtwerte nicht überschritten werden dürfen. Diese sind zwar nicht komplett vermeidbar, da die Anlagen auf Grund aerodynamischer Effekte an den Rotorblättern und mechanischer Geräusche im Inneren immer Geräusche produzieren. Diese wurden aber in den vergangenen Jahren deutlich verringert und durch die Wahl geeigneter Standorte kann hier die Belastung für die Anwohner genauso verringert werden wie Lichtemissionen durch Schattenwurf der Rotorblätter oder des Korpus. Neuere Anlagen sind außerdem in nicht reflektierenden Farben gehalten, sodass hier keine störenden Lichtreflexionen ähnlich wie bei einer Disco-Kugel entstehen. Was sich nicht vermeiden lässt sind die Hinderniskennzeichnungen bei Gebäuden mit einer Höhe von mehr als 100 Metern. Diese sind aber erforderlich, um den Luftverkehr nicht zu gefährden. Auch wenn auf Grund der klimatischen Bedingungen in Deutschland der Eiswurf durch Rotorblätter eher unwahrscheinlich ist verfügen moderne Anlage über Rotorblattheizungen, sodass dieses Risiko inzwischen gänzlich ausgeschlossen ist (Umweltbundesamt, 2022).

Im Gegensatz zu PV-Anlagen, die auf bestehenden Gebäuden installiert werden, wird mit jeder Windanlage aktiv in die Natur und Landschaft eingegriffen. Umso wichtiger ist es hier geeignete Standorte zu finden, die hier möglichst wenig Schaden anrichten und gleichzeitig möglichst viel Energie liefern. Besonders schützenswerte Gebiete wie Biotope, Flora- und Fauna-Schutzhabitate sowie Naturschutzgebiete sollen daher von einer Bebauung ausgenommen werden. Die wenigsten

Tierarten haben Probleme mit Windkraftanlagen. Es muss jedoch besondere Rücksicht auf Vögel und Fledermäuse genommen werden, da diese ggf. mit den Rotorblättern kollidieren können. Wenn bei der Standortauswahl jedoch auf die natürlichen Brutstätten, Flugrouten und Räume zur Nahrungsbeschaffung geachtet wird, sind die Anlagen i.d.R. unproblematisch (Umweltbundesamt, 2022).

2.3 Solarenergie

Ein weit verbreiteter Irrglaube ist, dass Photovoltaik erst seit wenigen Jahrzehnten erforscht wird. Dies ist jedoch falsch, denn der französische Physiker Edmond Becquerel entdeckt bereits 1839 den photoelektrischen Effekt. Bei Untersuchungen mit elektrolytischen Zellen stellt er fest, dass bei Bestrahlung mit Licht sich die Spannung zwischen zwei Platinelektroden leicht verändert (enerix® Franchise GmbH & Co KG, 2022).

1873 entdecken die beiden Wissenschaftler Willoughby Smith und Joseph May, dass das Material Selen bei Bestrahlung mit Sonnenlicht seinen Widerstand ändert. Bereits zehn Jahre später wird das erste Photovoltaikmodul gebaut. Es besteht aus einem Selenstab, der mit Platinelektroden verbunden wurde. Die Größe dieses ersten Moduls beträgt 30 cm2 und erzielt einen Wirkungsgrad von ca. 1 %. 1904 liefert Albert Einstein in seiner Publikation zum photoelektrischen Effekt die theoretische Erklärung zu diesem Phänomen. Hierfür wird er 1921 mit dem renommierten Nobelpreis geehrt (Theele, 2022).

Abbildung 5: Das erste Photovoltaikmodul der Welt mit 30 cm2 Fläche (Theele, 2022)

1954 folgt dann die Präsentation der ersten funktionierenden Silizium-Solarzelle. Seit 1958 wird Photovoltaik zur Energiegewinnung im Weltall für Satelliten verwendet. Gefördert durch die Ölkrise zu Beginn der 1970er Jahre und schwerer nuklearer Zwischenfälle wie Tschernobyl verändert sich die öffentliche Wahrnehmung zusehend und erneuerbare Energien rücken in den Fokus und werden erforscht und weiterentwickelt. Photovoltaik gilt hier lange Zeit als die am wenigsten rentable Form der Stromerzeugung und es besteht bis in die 1990er Jahre hinein kaum Nachfrage (enerix® Franchise GmbH & Co KG, 2022).

Im Herbst 1990 ruft die Bundesregierung das „1000-Dächer-Photovoltaik-Programm" aus, mit dem sie den aktuellen Stand der damaligen eruieren wollte. In den folgenden fünf Jahren werden insgesamt 2.000 Anlagen installiert. Die durchschnittliche Größe liegt damals bei 2,6 kWp, wobei die Kosten pro kWp bei heutzutage unvorstellbaren 12.000 Euro liegen. Eine wirtschaftliche Eigennutzung oder Verkauf des produzierten Stroms waren zu diesem Zeitpunkt unvorstellbar. Trotz einer staatlichen Förderung von ca. 70 % und einer garantierten Einspeisevergütung in Höhe von 8,5 Cent pro kWh handelt es sich bei diesen Anlagen eher um ein teures Hobby für Liebhaber und Idealisten. Dies hat dann auch dazu beigetragen, dass zu dieser Zeit kaum PV-Anlagen installiert werden (enerix® Franchise GmbH & Co KG, 2022).

1998 findet ein Regierungswechsel in Deutschland statt und erstmal lenkt eine Rot-Grüne-Regierung die Geschicke der Bundesregierung. Diese ersetzt zum 1. April 2000 das bis dahin geltende Stromeinspeisegesetz durch das Erneuerbare-Energien-Gesetz, dessen ambitioniertes Ziel der Umbau der deutschen Energieversorgung ist, sodass bis zum Jahr 2050 80 % des gesamten Energiebedarfs aus erneuerbaren Energiequellen gewonnen wird. Die größte Neuerung gegenüber dem Stromeinspeisungsgesetz war die Implementierung des sog. Vorrangprinzips, das den Strom aus erneuerbaren Energien den Vorrang gegenüber fossilen Energien einräumt. Als Anreiz für Investitionen wird das 100.000-Dächer-Programm der Kreditanstalt für Wiederaufbau (KfW) eingeführt, das sehr günstige Kredite für Kauf und Installation der Anlagen vorsah. Zusätzlich wurde für 20 Jahre eine feste Einspeisevergütung in Höhe von 99 Pfennig, bzw. 50,62 Cent garantiert. Da bereits nach drei Jahren die vorher festgelegte Förderobergrenze von 350 MWp erreicht bzw. überschritten wird, erfolgt 2003 eine Novellierung des EEG, das eine Reduzierung der jährlichen Vergütungssätze um 5 % vorsieht. Dadurch motiviert versuchten viele Bürger noch im selben Jahr eine neue Anlage zu installieren und an das Netz anzubinden. Letztlich relativierte sich diese Absenkung der Einspeisevergütung sehr schnell, da ab diesem Zeitpunkt der Preis für Module jährlich günstiger wurde (enerix® Franchise GmbH & Co KG, 2022).

Das EEG gilt zurecht als erfolgreicher Meilenstein der Energiewende und entwickelt sich daher in den Folgejahren zu einem im europäischen Ausland oft kopierten Exportschlager. So führt Spanien 2004 ein im Wesen sehr ähnliches Gesetz ein, um auch dort den Ausbau erneuerbarer Energien zu fördern. Aufgrund der, im Vergleich zu Deutschland, besseren Einstrahlungswerte und der im Wesentlichen gleichen Kosten entsteht ein regelrechter Investitionsrun in Spanien, der 2008 durch eine Reduktion der Einspeisevergütung in Spanien beendet wird. Zu diesem Zeitpunkt besteht in Spanien eine Überproduktion an Solarmodulen, die letztlich einen harten Wettbewerb auf dem Weltmarkt zur Folge haben und dort zahlreiche Hersteller in die Insolvenz treibt (enerix® Franchise GmbH & Co KG, 2022).

In der folgenden Grafik ist die jährlich installierte Anlagenleistung seit Einführung des EEG im Jahr 2000. Nachdem sich von 2009 auf 2010 die Höhe der installierten Anlagenleistung nahezu verdoppelt steuert die Bundesregierung mit unterjährigen Kürzungen der Einspeisevergütung aktiv gegen. Nachdem am 30. Juni 2011 eine weitere Änderung des EEG in beschlossen wird, die u.a. eine weitere Kürzung der garantierten Einspeisevergütung beinhaltet, bricht der innerdeutsche Markt für PV-Anlage 2013 zusammen und es werden in den Folgejahren immer weniger neue Anlagen installiert und an das Netz angeschlossen. Dies bedeutet auch, dass zeitgleich hunderttausende Arbeitsplätze in dieser Solarbranche verloren gehen bei Herstellern, Vertrieblern und Installateuren. Der Tiefpunkt dieser Entwicklung wird 2015 erreicht und seitdem steigen die Werte wieder kontinuierlich an (enerix® Franchise GmbH & Co KG, 2022).

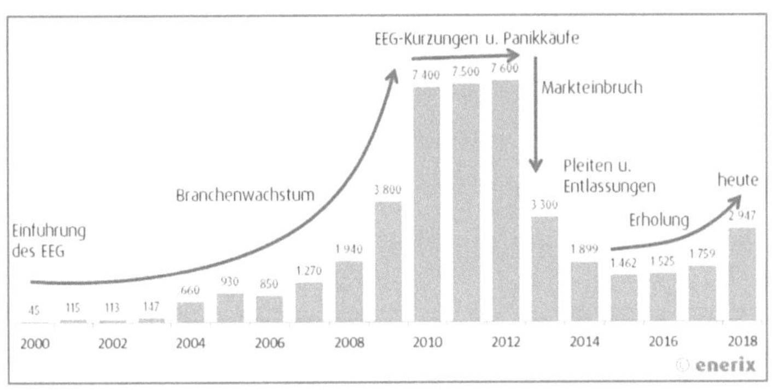

Abbildung 6: Jährliche installierte Anlagenleistung in GWp (enerix® Franchise GmbH & Co KG, 2022)

Inzwischen liegt der Hauptgrund für die Installation nicht mehr in der Höhe der Einspeisevergütung, die derzeit bei ca. 10 Cent liegt, sondern im Umweltschutz und dem Eigenverbrauch. Der selbst erzeugte Solarstrom kann nicht nur zum Zeitpunkt der Produktion im Haushalt, sondern auch zum Laden des eigenen Elektrofahrzeugs verwendet oder in inzwischen kompakten Stromspeichern zwischenzulagern und dann zu einem späteren Zeitpunkt zu verbrauchen.

2.4 Biomasse

Unter dem Begriff Bioenergie werden verschiedene Rohstoffe, Technologien und Anwendungsbereiche subsummiert. Aber auch hinter diesen drei Begriffen verbirgt sich wieder ein ganzer Blumenstrauß an Möglichkeiten. Bioenergie kann aus extra für diesen Zweck angebauten Pflanzen wie Mais, Weizen, Sonnenblumen oder Ölpalmen, aber auch aus schnell wachsenden Gehölzen, aus Holz aus der klassischen Forstwirtschaft oder aus Abfall- und Reststoffen, z.B. aus der Industrie oder Privathaushalten, erzeugt werden. Die hierfür verwendeten Ausgangsstoffe können sowohl aus der Region oder aus dem Ausland zugekauft werden (Umweltbundesamt, 2022).

Abbildung 7: Mais eignet sich hervorragend zur Energieerzeugung (Umweltbundesamt, 2022)

Aus Biomasse kann auf verschiedene Arten Energie erzeugt werden, deren Ergebnis in verschiedenen Aggregatzuständen zur Verfügung gestellt wird. So kann sie gasförmig als Biogas, flüssig als Pflanzenöl oder in fester Form als Holzpellets oder ganz klassisch aus Stück Holz auftreten. Auf Grund dessen, dass hier sehr viele unterschiedliche Ausgangsstoffe verarbeitet werden, die als Endprodukt in verschiedenen Aggregatzuständen vorliegen, kann Bioenergie in allen energierelevanten Bereichen verwendet werden. Sei es im Verkehrswesen als Treibstoff, als Wärmequelle in Haushalten oder zur Stromproduktion in der Industrie. Die Einsatzmöglichkeiten sind hier unbegrenzt (Umweltbundesamt, 2022).

Es können keine pauschalen Aussagen dazu getroffen wie umweltfreundlich Bioenergie ist. Dies hängt unter anderem mit dem Ausgangsrohstoff und dessen Anbau bzw. Herkunft zusammen. So ist die Energieerzeugung aus biogenem Abfall als deutlich umweltschonender zu bewerten als durch Palmöl, das auf eigens dafür gerodeten Plantagen im Regenwald produziert wird. Gerade die Energieerzeugung aus Abfall ist besonders umweltschonend und daher zu bevorzugen.

Im Jahr 2021 werden aus Biomasse und biogenem Abfall ca. 50 Mrd. kWh Strom sowie 171 Mrd. kWh Wärme erzeugt und in das öffentliche Netz eingespeist. Dies entspricht einem Anteil von etwa 48 % der gesamten erneuerbaren Energien zur Strom- und Wärmeerzeugung in Deutschland und ist damit die größte Position in diesem Portfolio. Rein auf den Bereich Stromerzeugung betrachtet trägt Biomasse mit 11 % und auf den Bereich Wärme 37 % auch einen großen Beitrag zur

Energiewände bei. Die installierte Leistung in diesem Bereich ist seit einigen Jahren relativ konstant und dient in erster Linie der Stabilisierung des Stromnetzes, da aus Bioenergie gewonnener Strom im Gegensatz zu Solar- und Windkraft rund um die Uhr produziert und abgerufen werden kann. Auf diese Art können vor allem Randzeiten, zu denen die anderen beiden kaum oder gar keinen Strom produzieren, flexibel abgedeckt und Engpässe vermieden werden (Umweltbundesamt, 2022).

2.5 Anteil der erneuerbaren Energien am deutschen Energiemix

Der Klimawandel und die deshalb erforderliche Energiewende sind seit mehreren Jahren sehr wichtige Themen. Ausgehend von 1990 hat sich der Anteil der erneuerbaren Energien am deutschen Energiemix vervielfacht. Wie der folgenden Grafik zu entnehmen ist, lag der Anteil zunächst bei ca. 3. %, der zu diesem Zeitpunkt fast ausschließlich durch Wasserkraft produziert wurde. Der Anteil an Kernenergie liegt damals bei ca. 30 %. Einzig Stein- und Braunkohle mit ca. 58 % liefern mehr Strom. Diese Aufteilung ist für einige Jahre relativ konstant und ändert sich erst mit der Jahrtausendwende. Von dort an erleben die erneuerbaren Energien spürbare Zugewinne und fangen an sich zu vervielfachen bis sie 2020 schließlich mehr als 40 % des in Deutschland erzeugten Stroms liefern.

Es ist festzustellen, dass einhergehend mit dem Ausbau der erneuerbaren Energien der Anteil von Atom- und Kohlestrom deutlich zurückgeht. Verwunderlich ist jedoch der Ausbau des durch Gas produzierten Stroms, was sich aber vermutlich auf die vermehrte Installation von Blockheizkraftwerken zurückführen lässt, bei denen mit Hilfe von Erdgas Strom produziert und die als Abfallprodukt entstehende Wärme zum Heizen, z.B. von Nahwärmenetzen, verwendet wird.

Den größten Anteil an den erneuerbaren Energien und am kompletten Energiemix nimmt die Windkraft ein, die mit 20 % Gesamtanteil doppelt so viel Strom erzeugt als die verbliebenen Atomkraftwerke in Deutschland.

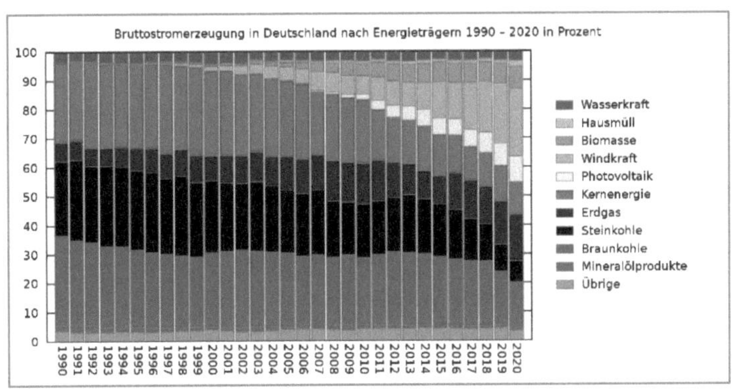

Abbildung 8: Entwicklung der Bruttostromerzeugung von 1990 bis 2020 (Wikipedia, 2022)

2021 beträgt der Anteil der erneuerbaren Energien an der Stromerzeugung dann bereits 41,1 %. Bis 2013 erlebt der Anteil der erneuerbaren Energien im Bereich Wärme einen ähnlichen Boom wie bei der Stromerzeugung, der dann jedoch immer weiter abflacht. Auch wenn in diesem Bereich auch weiterhin Steigerungen vorhanden sind, fallen diese doch eher gering aus und sind schon beinahe vernachlässigbar. Ähnlich verhält es sich bei dem Themenkomplex

Verkehr. Hier fand der größte Zuwachs bis 2007 statt. Seit diesem Zeitpunkt ist der Anteil sehr konstant und verzeichnet praktische keine Zuwächse. Dies liegt daran, dass hier mit 63 % der Biodiesel die wichtigste Position ist und der Anteil der Elektroautos derzeit noch verhältnismäßig gering ist und nicht im gewünschten Umfang wächst.

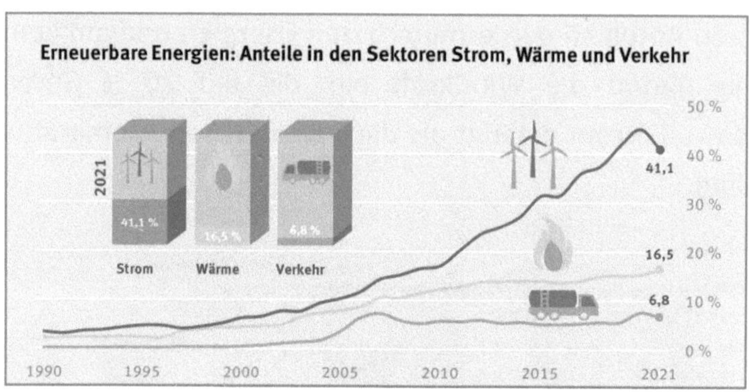

Abbildung 9: Anteil der erneuerbaren Energien in den Sektoren Strom, Wärme und Verkehr (Umweltbundesamt, 2022)

Es ist davon auszugehen, dass ausgehend von dem Krieg in der Ukraine und der in Folge dessen verhängten Wirtschaftssanktionen, auf die Russland mit einem vorläufigen Stopp der Gasexporte reagiert hat, die erneuerbaren Energien künftig eine noch wichtigere Rolle einnehmen werden. Die Vorteile dieser dezentralen Energieerzeugung liegen auf der Hand:

Unabhängigkeit von internationalen Energielieferketten sowie mehr Unabhängigkeit von Preisschwankungen bei Gas und Öl.

Dies kann auf Dauer dazu führen, dass sich die Energiepreise auf einem bezahlbaren Niveau einpendeln und Blackouts vermieden werden. Bis dahin ist es jedoch noch ein weiter Weg, zu dem auch Balkonkraftwerke aktiv ihren Beitrag leisten können, indem deren Betreiber Strom für den Eigengebrauch selbst produzieren.

3. Grundlagen

3.1 DIN VDE 0100-551-1

Werden kleine Solaranlage anfangs Guerilla-PV-Anlagen genannt, hat sich inzwischen der Begriff Balkonkraftwerk durchgesetzt. Mit Einführung der DIN VDE 0100-551-1 ist die Installation und der Betriebt von sog. Niederspannungsanlagen offiziell in Deutschland erlaubt. In ihr sind diverse Bedingungen geregelt, die auf der einen Seite einen sicheren Betrieb und auf der anderen eine einfache Inbetriebnahme garantieren. Zentrale Aspekte sind hierbei, dass für die Installation kein Elektriker hinzugezogen werden muss, wenn das Balkonkraftwerk über eine Leistung von maximal 600 Wp verfügt und über eine Energiesteckvorrichtung mit dem Stromnetz verbunden wird (Nollau, 2022).

Nun wird häufig argumentiert, dass es sich bei den VDE-Normen um kein Gesetz, sondern lediglich um eine privatrechtliche Regelung handelt, deren Anwendung empfohlen wird. Dies ist in diesem speziellen Fall nur in Teilen richtig. § 49 Abs. 2 des Energiewirtschaftsgesetzes (EnWG) besagt Folgendes:

„Dabei sind vorbehaltlich sonstiger Rechtsvorschriften die allgemein anerkannten Regeln der Technik zu beachten.“

An dieser Stelle wird eine gesetzliche Vermutung aufgestellt. Diese unterstellt, dass die allgemein anerkannten Regeln der Technik bei Anlagen zur Erzeugung, Fortleitung und Abgabe von Elektrizität dann eingehalten worden sind, wenn der Betreiber die technischen Regeln des VDE e.V. beachtet. Diese gesetzliche Vermutung ist allerdings kein

Anwendungsbefehl, sondern lediglich eine Beweislastregel. Daraus ist abzuleiten, dass für alle, die die VDE-Norm einhalten, sorgfältiges und richtiges Handeln unterstellt wird. Dies kann im Falle strafrechtlicher Untersuchungen nach § 15 StGB und bei zivilrechtlichen Schadensersatzansprüchen nach § 276 BGB relevant werden. Dennoch lässt sich aus § 49 Abs. 2 EnWG keine direkte Vorgabe zur verpflichtenden Anwendung der VDE-Normen ableiten. Die VDE-Normen sind gebührenpflichtig und kosten neben einer einmaligen Gebühr von 1.400 Euro netto jährlich 180 Euro netto. Eine Verpflichtung von Privatpersonen dieses Regelwerk zu besitzen ist daher ausgeschlossen, da es nach § 14 Grundgesetz einem zu rechtfertigenden Eingriff in das Eigentum eines Individuums gleichkäme. Prinzipiell ist an dieser Stelle festzuhalten, dass nicht jedem die VDE-Normen vorliegen müssen bzw. jeder diese kaufen muss, denn es gibt neben öffentlichen Bibliotheken auch offizielle DIN-Auslegestellen, in denen die Schriften gebührenfrei eingesehen werden können. Aus diesen Punkten kann also lediglich hergeleitet werden, dass das Anwenden der VDE-Vorschriften notwendig sein kann. Eine gesetzliche Pflicht lässt sich jedoch nicht ableiten (Klar, 2022).

3.2 Dreiphasiger Aufbau einer Hauselektroinstallation

Ein dreiphasiger Aufbau einer Hauselektroinstallation basiert auf der Verwendung von drei Phasen zur Stromversorgung. Dieses System wird in vielen Ländern, einschließlich Deutschland, angewendet, um eine effiziente und gleichmäßige Verteilung der elektrischen Last zu gewährleisten. Hier ist eine ausführlichere Beschreibung der Komponenten und Funktionen eines dreiphasigen Aufbaus.

Versorgungsanschluss stellt die Verbindung zwischen dem Stromversorgungsunternehmen und dem Haus her. In einem dreiphasigen System besteht der Versorgungsanschluss aus drei Außenleitern, die jeweils eine Phase führen. Jede Phase hat eine Spannung von 230 Volt (in Europa) oder 120/208 Volt (in Nordamerika). Die Phasen werden üblicherweise mit den Buchstaben L1, L2 und L3 gekennzeichnet.

Der Verteilerkasten, auch als Verteilerschrank oder Sicherungskasten bezeichnet, ist das zentrale Element, in dem die elektrische Energie im Haus verteilt wird. In einem dreiphasigen Aufbau enthält der Verteilerkasten drei Phasenleiter, die von den Versorgungsanschlüssen kommen. Jeder Phasenleiter ist mit einem Schutzleiter und einem Neutralleiter verbunden.

Jede Phase im Verteilerkasten wird durch einen eigenen Leitungsschutzschalter abgesichert. Diese Schutzschalter überwachen den Stromfluss in den einzelnen Stromkreisen und unterbrechen ihn bei Überlastung oder Kurzschluss, um die Sicherheit der elektrischen Installation zu gewährleisten. Die Leitungsschutzschalter werden üblicherweise in den Verteilerkasten integriert und sind durch Sicherungsautomaten oder Fehlerstromschutzschalter (FI-Schutzschalter) vertreten.

Im dreiphasigen System werden die elektrischen Verbraucher und Geräte gleichmäßig auf die drei Phasen verteilt. Dies wird erreicht, indem die Last auf die Phasen so aufgeteilt wird, dass die elektrische Belastung gleichmäßig über die Versorgungsleitungen verteilt wird. Dies ermöglicht eine optimale Nutzung der vorhandenen Kapazität und eine effiziente Stromversorgung.

In einem dreiphasigen System können elektrische Verbraucher und Geräte sowohl an einzelnen Phasen als auch zwischen den Phasen angeschlossen werden. Es gibt spezielle dreiphasige Steckdosen und Geräte, die für den dreiphasigen Betrieb ausgelegt sind und von der höheren Leistungsfähigkeit profitieren können. Die Anschlussbelegung der Steckdosen in einem dreiphasigen System kann durch spezifische Normen und Standards festgelegt sein, um die Sicherheit und Kompatibilität zu gewährleisten.

Der dreiphasige Aufbau einer Hauselektroinstallation ermöglicht eine gleichmäßige Verteilung der elektrischen Last und eine effiziente Nutzung der verfügbaren Stromversorgung. Ein qualifizierter Elektriker sollte für die Planung und Installation eines dreiphasigen Systems hinzugezogen werden, um sicherzustellen, dass die geltenden Normen, Vorschriften und Sicherheitsstandards eingehalten werden.

3.3 Der Stromzähler

„Stromzähler sind Messgeräte des Energieverbrauchs und sind in jedem Haushalt zu finden. Gemessen wird die Menge des genutzten Stroms in der Einheit Kilowattstunden (kWh) und der tatsächliche Verbrauch wird in der Regel ein Mal im Jahr abgelesen (Noy, 2022)."

Wie der Definition zu entnehmen ist, sind Stromzähler in jedem Haushalt verbaut und zeichnen den verbrauchten Strom in einer normierten Einheit auf. Da die meisten Stromtarife mit einen im Voraus zu entrichtendem Abschlag arbeiten, müssen die Stromzähler zu bestimmten Zeitpunkten abgelesen und die Werte an den Stromanbieter übermittelt werden. Wurde im Betrachtungszeitraum weniger verbraucht als erwartet, so erhält der Kunde eine Gutschrift. Dies ist häufig im ersten Jahr nach Inbetriebnahme eines Balkonkraftwerks der Fall.

Inzwischen gibt es verschiedene Stromzählertypen, die am Markt verfügbar sind. Die drei populärsten Typen sind der analoge Ferraris-Zähler, der Doppeltarifstromzähler und der digitale Stromzähler (Noy, 2022).

Abbildung 10: Analoger Stromzähler nach dem Ferraris-Prinzip (eigene Abbildung)

Der Klassiker ist der analoge Stromzähler nach dem Ferraris-Prinzip (siehe vorangegangene Abbildung). Dieser ist nach seinem Erfinder benannt und funktioniert mit Metallrädern, auf denen Ziffern eingraviert sind. Diese Räder drehen sich je nach aktuellem schneller oder langsamer. Wird im Moment kein Strom verbraucht, so steht die Anzeige still. Wird durch ein Balkonkraftwerk mehr Strom in das Hausnetz eingespeist als aktuell verbraucht, so läuft das Zählrad rückwärts. Auf Grund dieser Tatsache wird dieser Zähler in Internetforen häufig als der „Ferrari“ unter den Stromzählern bezeichnet. Der Verbrauch einer Periode wird durch die Differenz des aktuellen Stands und der letzten Ablesung ermittelt (Noy, 2022).

Eine Weiterentwicklung dieses Zählers ist der Doppeltarifstromzähler. Dieser unterscheidet sich von dem klassischen Ferraris-Zähler durch ein zweites Zählrad. Während das eine den Verbrauch des Tagstroms anzeigt, zeigt das andere den Verbrauch des Nachtstroms an. Hintergrund ist hierbei, dass manche Haushalte mit ihren Energieversorgern Tarife abgeschlossen haben, die je nach Uhrzeit unterschiedliche Preismodelle haben (Noy, 2022).

Die nächste Stufe der Weiterentwicklung sind digitale Stromzähler (siehe folgende Abbildung). Diese zeichnen sich dadurch aus, dass sie in der Lage sind den Stromverbrauch in Echtzeit abzubilden und zu speichern. Im Gegensatz zu analogen Zählern verfügen diese über moderne Funktionen wie Periodenabgrenzung und Nutzungszeiten (Noy, 2022) und haben eine Rücklaufsperre.

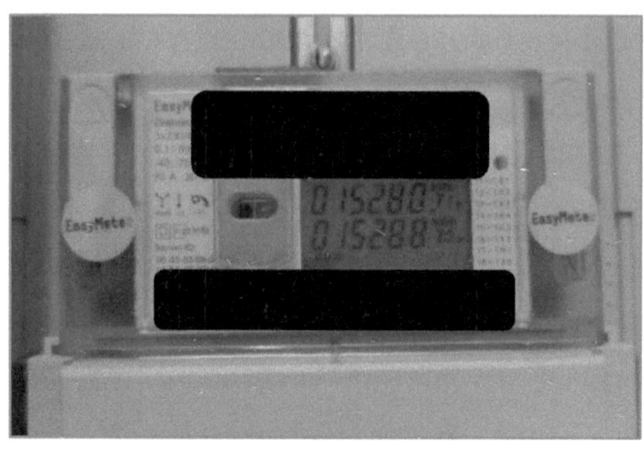

Abbildung 11: Für Balkonkraftwerke zugelassener digitaler Stromzähler mit Rücklaufsperre (eigene Abbildung)

Die nächste Stufe der Evolution sind die sogenannten Smart-Meter. Diese verfügen im Wesentlichen über die gleichen Funktionen wie digitale Stromzähler, können aber zusätzlich per WLAN mit speziellen Programmen und Apps verbunden werden, die sämtliche auswertbaren Daten in Echtzeit graphisch aufbereitet zur Verfügung stellen und speichern (Noy, 2022).

Digitale Strommesser finden derzeit regelmäßig Erwähnung in den Medien. Grund hierfür ist das Gesetz zur Digitalisierung der Energiewende. Dieses besagt, dass bis zum Jahr 2032 in allen Haushalten oder Unternehmen, die einen jährlichen Verbrauch von mehr als 6.000 kWh haben oder eine Solaranlage mit mindestens 7 kW haben, digitale Stromzähler verbaut sein müssen (Noy, 2022).

3.4 Berechnung Grundlast Ihres Haushalts

Die Berechnung der Grundlast eines Haushalts ist ein wichtiger Aspekt bei der Dimensionierung und Planung der Stromversorgung. Die Grundlast bezieht sich auf den minimalen konstanten Strombedarf eines Haushalts über einen bestimmten Zeitraum, normalerweise einen Tag. Hier ist eine Erklärung, wie die Grundlast eines Haushalts berechnet werden kann:

Um die Grundlast zu berechnen, müssen Sie den Stromverbrauch des Haushalts über einen repräsentativen Zeitraum erfassen. Dies kann durch die Verwendung eines intelligenten Stromzählers oder durch das Protokollieren der Stromverbrauchsdaten über einen bestimmten Zeitraum erfolgen, z. B. eine Woche oder einen Monat. Wählen Sie hier einen möglichst langen Zeitraum, um eventuelle Messfehler oder kurzfristige Verbrauchsschwankungen auszugleichen.

Nachdem Sie die Verbrauchsdaten erfasst haben, analysieren Sie diese, um die Zeiten mit dem geringsten Stromverbrauch zu identifizieren. Dies sind in der Regel die Stunden, in denen der Haushalt größtenteils inaktiv ist, wie zum Beispiel nachts oder wenn die Bewohner außer Haus sind.

Aus den analysierten Verbrauchsdaten können Sie den minimalen Stromverbrauch des Haushalts ermitteln. Dies ist der Wert, der während der Zeiträume mit dem geringsten Stromverbrauch aufgezeichnet wurde. Dieser Wert repräsentiert die Grundlast des Haushalts. Das ist der Wert, den Sie beispielsweise tagsüber verbrauchen ohne dass Sie zusätzliche Geräte einschalten. Vereinfacht ausgedrückt ist das der Verbrauch, wenn niemand zuhause ist. Ziel bei der Dimensionierung eines Balkonkraftwerks ist es immer, die Grundlast über einen möglichst langen Zeitraum am Tag zu decken.

Es ist wichtig zu beachten, dass die Grundlast als Durchschnittswert betrachtet wird und dass der tatsächliche Stromverbrauch im Laufe des Tages variieren kann. Daher ist es ratsam, einen Sicherheitsfaktor einzubeziehen, um mögliche Schwankungen oder zusätzliche Belastungen abzudecken.

Die Berechnung der Grundlast ist von großer Bedeutung, da sie als Ausgangspunkt für die Dimensionierung der Stromversorgungssysteme eines Haushalts dient. Sie ermöglicht die Auswahl der richtigen Kapazität für den Hauptstromanschluss, die Dimensionierung von Energieerzeugungsanlagen wie Solaranlagen oder Generatoren und die Auswahl der geeigneten Kabelquerschnitte und Schutzeinrichtungen.

Es ist wichtig zu beachten, dass die Grundlast im Laufe der Zeit variieren kann, insbesondere wenn sich die Gewohnheiten und Bedürfnisse im Haushalt ändern. Daher ist es empfehlenswert, den Stromverbrauch regelmäßig zu überprüfen und die Grundlast entsprechend anzupassen, um eine effiziente und zuverlässige Stromversorgung sicherzustellen.

Bei Balkonkraftwerken handelt es sich grundsätzlich um gewöhnliche Photovoltaikanlagen im Kleinformat mit einem Wechselrichter, der über eine Leistung von 600 Wp verfügt. Diese Anlagen werden häufig als Stecker-Systeme geliefert, die z.T. direkt an eine haushaltsübliche Schuko-Steckdose oder an eine spezielle Einspeisesteckdose, die sogenannte Wielandsteckdose angeschlossen werden. Wie bei großen Solaranlagen kommen auch hier monokristalline oder polykristalline Module zur Anwendung, die je nach Typ und Ausrichtung unterschiedliche Wirkungsgrade erzielen (Anondi, 2022).

Wie in der folgenden Abbildung dargestellt, besteht eine solche Anlage vereinfacht ausgedrückt aus den folgenden Komponenten. Ein oder mehrere Solarpanels ein Wechselrichter, gleich- und wechselspannungsseitiger Verkabelung zwischen diesen Bauteilen sowie einer speziellen Steckvorrichtung. Je nachdem, ob die Anlage rein zum Einspeisen und direktem Verbrauch über den eigenen Stromkreislauf oder zur Speicherung verwendet wird, wird sie um einen Laderegler und einer oder mehreren Batterien erweitert (Anondi, 2022).

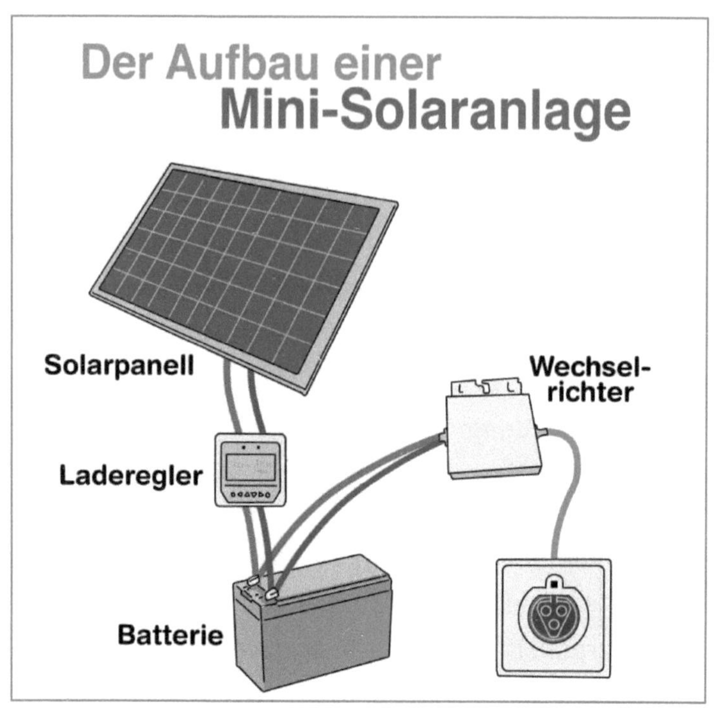

Abbildung 12: Der Aufbau eines Balkonkraftwerks (Anondi, 2022)

Beim Haushalts-Drehstrom in Europa werden drei Phasen geliefert, also drei Leitungen mit einer Spannung von 230 Volt, die auch gegenüber der Erde bestehen. Verinfacht ausgedrückt verfügt jeder Haushalt über drei Stromkreise, die am Sicherungskasten wieder zusammenlaufen. Bei der Installation der Stromkreise sollte darauf geachtet werden, dass eine möglichst gleichmäßige Belastung der drei Phasen erreicht wird (Solar, 2022). Eine mögliche Aufteilung sehen Sie im Folgenden:

Phase 1 = Schlafzimmer, Kinderzimmer, Wohnzimmer

Phase 2 = Küche, Badezimmer, Flur, Balkon

Phase 3 = Keller, Hobbyraum, Hauswirtschaftsraum, 2. Kinderzimmer

Im Normalfall ist davon auszugehen, dass diese drei verbauten Phasen saldierend sind, da der Stromzähler hinter dem Sicherungskasten verbaut ist, Für ein Balkonkraftwerk hat dies folgende Auswirkung:

Es ist völlig egal an welcher dieser drei Phasen Sie Ihr Balkonkraftwerkt anschließen und wie viel Strom auf dieser Phase im Moment der Einspeisung gerade verbraucht wird. Die drei Phasen sind in der Regel saldierend, d.h. die Entnahme und die Einspeisung von Strom der drei Phasen gleichen sich aus. Diese Saldierung nimmt Ihr Stromzähler vor. Es entsteht also auf jeden Fall eine Stromkostenreduktion, unabhängig davon auf welcher der drei Phasen der Strom verbraucht wird (Solar, 2022).

Für das oben beschriebene Beispiel ergibt sich hieraus folgendes Szenario:

Einspeisung auf **Phase 2**, da dort der Balkon und die dazugehörige Steckdose ist. Verbrauch über **Phase 3**, da dort im Hauswirtschaftsraum gerade Waschmaschine und Trockner laufen. Der auf **Phase 2 erzeugte Strom** wird von den Verbrauchern auf **Phase 3 genutzt** und es erfolgt eine Reduktion der Stromkosten.

Die vorherige Abbildung zeigt, wenn gedanklich die Steckdose entfernt wird, den Aufbau einer Inselanlage, bei der keine Energie in das öffentliche Stromnetz eingespeist wird.

3.6 Inselanlagen mit Speicher

Photovoltaik-Anlagen sind eine nachhaltige und effiziente Methode zur Erzeugung von elektrischer Energie aus Sonnenlicht. Normalerweise werden sie in das öffentliche Stromnetz eingebunden, um dort den erzeugten Strom zu nutzen oder in das Netz einzuspeisen. Es gibt jedoch auch die Möglichkeit, PV-Anlagen als sogenannte Inselanlagen zu betreiben, bei denen sie unabhängig vom öffentlichen Stromnetz arbeiten. In diesem Kapitel werden wir die Funktionsweise und die Vorteile von PV-Inselanlagen genauer betrachten.

PV-Inselanlagen sind in der Lage, Solarenergie in elektrischen Strom umzuwandeln und diesen in Batterien zu speichern, um ihn später bei Bedarf abzurufen. Der Prozess beginnt mit den PV-Modulen, die aus vielen Solarzellen bestehen. Diese Zellen wandeln das einfallende Sonnenlicht in Gleichstrom um. Der Gleichstrom wird dann durch einen Wechselrichter in Wechselstrom umgewandelt, der für die Verwendung in Haushaltsgeräten und elektrischen Systemen geeignet ist.

Um den erzeugten Strom zu speichern, werden Batterien in das System integriert. Die Batterien dienen als Energiespeicher, der es ermöglicht, den erzeugten Strom zu einem späteren Zeitpunkt zu nutzen, insbesondere wenn keine Sonneneinstrahlung vorhanden ist. Die Größe der Batteriebank hängt von den Anforderungen des Verbrauchers und der gewünschten Autonomiezeit ab, also der Zeit, in der die Inselanlage den Strombedarf ohne Sonneneinstrahlung decken kann. Diese Inselanlage gibt es bereits für wenige Euro in Form von Powerbanks mit einem kleinen Solarpanel auf der Vorderseite überall zu kaufen. Neben dieser kleinsten Form, gibt es nach oben hin keinerlei Begrenzung für diesen Anlagentyp in Bezug auf Größe und Preis

Fertige Sets, die zum Kauf angeboten werden, sind häufig mit einem Solarpanel mit einer Leistung von mindestens 20 Wp und einem kleinen Generator ausgestattet, der gleichzeitig als Energiespeicher fungiert. Diese Geräte verfügen i.d.R. über verschiedene Anschlüsse, sodass z.B. mobile Geräte über USB geladen und größere Geräte über eine normale Steckdose geladen werden können. Ein Beispiel für ein solches autarkes Kraftwerk ist in der folgenden Abbildung dargestellt. Dieses kann sogar neben dem beigefügten Generator mit Hilfe der im Lieferumfang enthaltenen Klemmen auch direkt an eine handelsübliche Autobatterie angeschlossen werden. Der Generator kann auch an einer 12 Volt KfZ-Buchse angeschlossen und während der Fahrt in einem Auto oder Wohnmobil oder an einer haushaltsüblichen Steckdose geladen werden.

PV-Inselanlagen ermöglichen die unabhängige Stromversorgung für Wohnhäuser und Ferienhäuser, insbesondere in abgelegenen Gebieten ohne Anbindung an das öffentliche Stromnetz. Darüber hinaus spielen sie eine wichtige Rolle bei der Not- und Katastrophenhilfe. Sie ermöglichen die schnelle Bereitstellung von Strom in Gebieten, in denen das Stromnetz beschädigt ist oder nicht verfügbar ist.

Der größte Vorteil von PV-Inselanlagen besteht darin, dass sie unabhängig vom öffentlichen Stromnetz arbeiten. Dies ist besonders nützlich in abgelegenen Gebieten, wo der Anschluss an das Stromnetz schwierig oder teuer sein kann. Es ermöglicht auch die

Stromversorgung in Notfällen oder bei Stromausfällen, wenn das öffentliche Netz nicht verfügbar ist.

Da PV-Inselanlagen nicht auf das öffentliche Stromnetz angewiesen sind, entfallen die Kosten für den Netzanschluss und die Stromrechnungen. Obwohl die Anfangsinvestition für die Anlage und Batterien erforderlich ist, sind die Betriebskosten im Vergleich zu herkömmlichen Stromquellen in der Regel niedriger Betriebskosten im Vergleich zu herkömmlichen Stromquellen in der Regel niedriger.

PV-Inselanlagen können je nach Bedarf dimensioniert werden. Sie können von kleinen Anlagen für individuelle Haushalte bis hin zu größeren Anlagen für Gemeinden oder Gewerbebetriebe reichen. Darüber hinaus können sie mit anderen Energiequellen wie Windkraft oder Generatoren kombiniert werden, um die Stromversorgung zu optimieren und eine höhere Verfügbarkeit sicherzustellen.

Abbildung 13: Beispiel für eine Inselanlage mit Speicher (Pearl, 2022)

Es ist anzumerken, dass für autarke Solaranlagen keine Begrenzung bezüglich der maximalen Leistung besteht, solange sie nicht mit dem öffentlichen Stromnetz verbunden sind. Sobald sie mit diesem verbunden sind, gelten diese, unabhängig von der Größe des verbauten Speichers, wieder als Balkonkraftwerk mit einer Leistung von maximal 600 Wp.

PV-Inselanlagen bieten eine nachhaltige, zuverlässige und unabhängige Stromversorgung. Sie ermöglichen die Nutzung der Sonnenenergie und bieten eine umweltfreundliche Alternative zu herkömmlichen Stromquellen. Mit ihren Vorteilen in Bezug auf Unabhängigkeit,

Nachhaltigkeit und Flexibilität haben PV-Inselanlagen eine vielversprechende Zukunft für die dezentrale Stromversorgung.

3.7 Verschiedene Arten von Modulen

Mono- und polykristalline Solarzellen bestehen aus Silizium-Scheiben, die Wafern genannt werden. Aus diesem Grund zählen beide Zelltypen zu den Wafer-basierten PV-Zellen. Der Hauptunterschied wird bereits im Namen ausgedrückt und liegt in der Herstellungsart der Module. Monokristalline Solarzellen bestehen aus einem einzelnen zusammenhängenden Silizium-Kristall, der eigens gezüchtet wird und relativ rein ist. Polykristalline Solarzellen hingegen bestehen aus mehreren Kristallen, die verschiedene Größen haben und im Gegensatz zu den vorhin genannten sich aus unreinerem Silizium erschöpft (Doormann, 2022). In der folgenden Grafik sind exemplarisches ein schwarzes und blaues monokristallines sowie ein polykristallines Modul abgebildet.

Abbildung 14: v.l.n.r.: Ein schwarzes und blaues monokristallines Modul sowie ein polykristalines Modul (Doormann, 2022)

Beide Modularten verfügen über einen hohen Wirkungsgrad, reduzieren ihren Ertrag bei Hitze und suboptimaler Sonneneinstrahlung deutlich. Auf Grund der anstrengenden Produktion sind diese Panels im Vergleich zu Dünnschicht-Modulen relativ teuer. Generell ist festzuhalten, dass monokristalline Solarzellen einen höheren Preis haben als polykristalline, dafür aber leistungsstärker sind und auf Grund ihres höheren Wirkungsrad vor allem für kleinere Flächen geeignet sind, da sie den vorhandenen Platz optimal ausnutzen. Wenn der die benötigte Fläche eine eher nebengeordnete Rolle spielt, kann auf die günstigeren polykristallinen Module zurückgegriffen werden (Doormann, 2022).

	Monokristallines Solarmodul	Polykristallines Solarmodul
Oberfläche	Schwarze bzw. blaue, optisch einheitliche Oberfläche	Blaue, reflektierende Oberfläche, verschiedene Kristalle erkennbar
Material	Ein Einzelkristall	Mehrere Kristalle
Wirkungsgrad	20 - 30 %	15 – 17 %
Platzbedarf für 1 kWp	6 - 9 m2	7 - 10 m2
Einsatzort	Kleinere Dächer und Flächen	Größere Flächen
Preissegment	Höheres Preissegment	Niedrigeres Preissegment

Abbildung 15: Gegenüberstellung der wesentlichen Merkmale mono- und polykristalliner Solarmodule (eigene Abbildung)

In der vorherigen Tabelle sind die wesentlichen Merkmale der beiden Modularten gegenübergestellt.

Neben diesen beiden Typen sind bereits seit einigen Jahren ebenfalls Dünnschichtmodule am Markt. Diese zeichnen sich durch einen relativ geringen Wirkungsgrad von 10 bis 13 % aus. Sie bestehen aus glasartigem, nicht kristallinem Silizium. Im Gegensatz zu den klassischen Wafer-Modulen ist die Herstellung weniger aufwendig und sie dünner. Daraus resultierend haben sie ein geringeres Gewicht und sind entsprechend einfacher zu montieren (Doormann, 2022). In der folgenden Abbildung ist ein Dünnschichtmodul abgebildet, das auf eine relativ einfache Unterkonstruktion geklemmt ist.

Abbildung 16: In einer großflächigen Anlage montierte Dünnschichtmodule (Doormann, 2022)

Diese Module eignen sich vor allem für den Einsatz in sehr großen Anlagen, da hier die geringeren Anschaffungskosten den höheren Flächenbedarf ausgleichen. Weitere Vorteile sind ein höherer Wirkungsgrad bei schwachen Lichtverhältnissen und geringerer Leistungseinbuße bei hohen Temperaturen. Die nur wenige Mikrometer dicke und durchsichtige Antireflexschicht, die auf die

Module aufgetragen ist ermöglicht es, dass mehr Licht in das Innere der Solarzelle eindringt (Doormann, 2022).

Relativ neu auf dem Markt sind CIGS-Module, deren Name die englische Abkürzung der verwendeten Rohstoffe Kupfer, Indium, Gallium und Diselenid ist. Dieser Verbindungshalbleiter ist nur wenige Mikrometer dick und ist im Gegensatz zu den anderen bereits präsentierten Modulen nicht selbsttragend und muss daher auf einen Träger, z.B. eine Glasscheibe, aufgetragen werden. Die monokristallinen CISG-Module sind mit einem Wirkungsgrad von 17,5 % deutlich effizienter als gewöhnliche Dünnschichtmodule. Der größte Vorteil liegt in den flexiblen Einsatzmöglichkeiten. Auf Grund der geringeren Stärke können diese beispielsweise auf den Karosserien von Fahrzeugen verwendet werden und diese während der Fahrt und Standzeiten laden (Doormann, 2022).

3.8 Reihen- vs. Parallelschaltung

Der Wechselrichter und die Solarmodule eines Balkonkraftwerks werden über Kabel miteinander verbunden. Hierfür gibt es zwei verschiedene Möglichkeiten: Die Reihen- bzw. die Parallelschaltung.

Bei der Reihenschaltung sind alle Module in Serie geschaltet und es liegt ein einziger Stromkreis vor, d.h. die Spannung ist überall gleich hoch. Diese Art der Verkabelung empfiehlt sich, wenn alle Module in etwa die gleichen Leistungsbedingungen haben, z.B. gleicher Einstrahlwinkel und Verschattung. Die Leistung der gesamten Anlage richtet sich hierbei nach der Leistung des schwächsten Moduls. Wird z.B. ein einzelnes Modul verschattet, so reduziert sich die Leistung die übrigen Module im gleichen Maße. Auch dann, wenn diese optimal bestrahlt werden. Moderne Panels arbeiten inzwischen häufig mit sogenannten Bypass-Dioden, die diesen Effekt etwas reduzieren, sodass der Verlust bei der Stromerzeugung reduziert wird. Vorteil hierbei ist, dass die Verkabelung verhältnismäßig einfach ist und nur wenig Material dafür benötigt wird. Der größte Nachteil dabei ist jedoch die Abhängigkeit vom schwächsten Modul in der Serie. Da bei Balkonkraft jedoch selten mehr als zwei Panels zum Einsatz kommen, ist dieser Effekt hier jedoch vernachlässigbar und der Kostenvorteil überwiegt (Fuchs, 2022).

Anders verhält es sich bei der Parallelschaltung. Hier entstehen mehrere Stromkreise, die wie der Name bereits aussagt, parallel nebeneinander bestehen. Der große Vorteil an dieser Art des Aufbaus ist, dass die Verschattung einzelner Module keinerlei Auswirkung auf die übrigen Module in der Anlage hat. Parallelschaltungen werden häufig bei größeren PV-Anlagen verwendet und sind mit höheren Kosten als bei der Reihenschaltung verbunden, da hier die Verkabelung deutlich komplizierter ist, da jedes Modul einzeln mit dem Wechselrichter verbunden wird (Fuchs, 2022).

Welche Art der Schaltung für das eigene Projekt die richtige ist hängt von verschiedenen Faktoren ab. Ziel sollte es sein die für die eigenen Vorstellungen optimale Strommenge zu produzieren. Limitierender Faktor ist hier jedoch u.a. der gewählte Wechselrichter. Von ihm hängt es ab wie viele Module auf welche Art angeschlossen werden können.

Je besser dieser ausgestattet ist, umso teurer ist er, was wiederum die Amortisationsdauer des Balkonkraftwerks verlängert. Werden die verwendeten Panels auf mehrere Dachflächen mit unterschiedlicher Ausrichtung und Einstrahlwinkeln montiert, so ist die Parallelschaltung zu empfehlen (Fuchs, 2022).

In der Praxis bedeutet das z. B. folgenden Aufbau:

Zwei Panels mit insgesamt 600 Wp nach Osten ausgerichtet und zwei Panels mit insgesamt 600 Wp nach Westen. Auch wenn die Gesamtleistung der Panels mit 1.200 Wp deutlich über der Grenze für Balkonkraftwerke liegt, ist hier ausgeschlossen, dass diese zeitgleich tatsächlich punktuell zu viel Strom produzieren. Dafür produzieren sie im Tagesverlauf deutlich mehr als zwei Panels, die optimal nach Süden ausgerichtet sind.

3.9 Schuko- vs. Wielandsteckdose

Für die Koppelung von Balkonkraftwerken an das öffentliche Stromnetz gibt es im Wesentlichen zwei verschiedene Möglichkeiten. Neben der gewöhnlichen Haushaltssteckdose, auch Schukosteckdose genannt, gibt es noch die sogenannte Wielandsteckdose. Mit beiden ist es möglich den selbst produzierten Strom einzuspeisen.

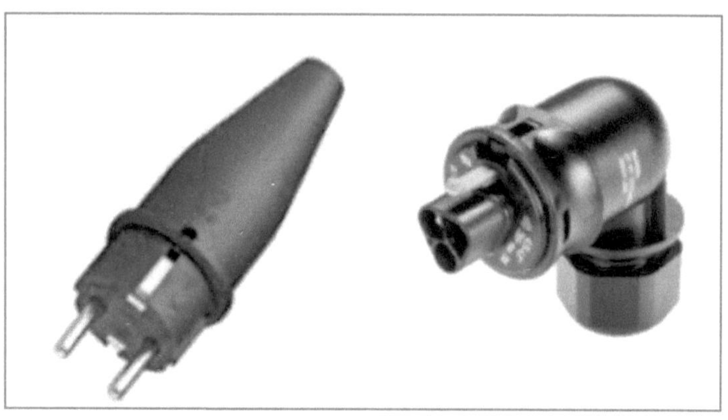

Der Schuko-Stecker (siehe vorherige Abbildung) ist allgemein bekannt und an so ziemlich jedem Haushalts- und Arbeitsgerät verbaut. Hierzu zählen z.B. Kühlschränke, Fernsehgeräte, Mikrowellen und viele mehr. Dieser steckt hat eine runde Form und zwei Kontaktstifte aus Metall, die in die dazu passende Steckdose eingesteckt werden. Seine Bezeichnung ist eine Abkürzung des Begriffs **Schu**tz-**Ko**ntakt. Wie der Name bereits impliziert handelt es sich um einen Stecker bzw. Steckdose, die einen höheren Schutz als viele andere Stecker verspricht und deshalb problemlos für viele Geräte verwendet werden kann (Hoffmeier, 2022). Auf Grund der einfachen Handhabung können Balkonkraftwerke so tatsächlich Plug-and-Play ohne Mithilfe eines Elektrikers installiert und in Betrieb genommen werden.

Der Wieland-Stecker (siehe vorherige Abbildung) zeichnet sich nicht nur durch ein anderes Aussehen als der Schuko-Stecker aus. Im Gegensatz zu diesem erfüllt auch noch diverse Normen, so z.B. die DIN

VDE V 0100-551-1 und die DIN VDE V 0628-1. Diese beiden Normen stellen besondere Anforderungen zum Errichten von Niederspannungsanlagen sowie zur Einspeisung in separate Stromkreise und garantieren daher einen höheren Sicherheitsstandard bei der Nutzung eines Balkonkraftwerks. Wie aus der vorherigen Abbildung ersichtlich ist, verfügt der Wieland-Stecker über keinerlei freiliegenden Pins oder andere Metallteile. Dadurch ist ein Berührungsschutz gewährleistet, der tödliche und gefährliche Kontakte von Menschen mit Elektrizität verhindert (Hoffmeier, 2022).

Abbildung 18: Eine Wielandsteckdose (Hoffmeier, 2022)

Ein weiterer Vorteil dieser Steckdose ist, dass sich ein angeschlossener Stecker nicht mehr von Hand herausziehen lässt, sondern ein Schraubendreher erforderlich ist, um ihn wieder zu lösen. Dies ist also zusätzliche Sicherung gegen versehentliches Rausziehen sowie daraus eventuell resultierenden Stromschlägen gedacht und ist besser als jede

Kindersicherung. In Hinblick auf Balkonkraftwerke kann dies auch als Diebstahlschutz gewertet werden. Außerdem sind diese Steckdosen relativ unempfindlich gegen durch Regen verursachtes Spritzwasser. Der größte Nachteil liegt in der aufwendigen Installation. Um eine Wielandsteckdose in Betrieb zu nehmen ist die Installation durch einen Elektriker erforderlich. Dies führt im Wesentlichen zu zwei Problemen. Zum einen muss ein Elektriker gefunden werden, der für diesen Auftrag Zeit hat. Die Wartezeiten hierfür variieren sehr und schwanken zwischen wenigen Tagen und mehreren Monaten, da diese Kleinaufträge für Handwerker häufig unattraktiv sind. Zum anderen entstehen hierdurch zusätzliche Kosten, die die Amortisation des Balkonkraftwerks wieder verzögern (Hoffmeier, 2022).

2017 ermittelt das Photovoltaik Institut Berlin AG, dass ein Balkonkraftwerk mit 600 Wp bedenkenlos und ohne zusätzlichen Leitungsschutz über eine Schuko-Steckdose betrieben werden kann und keine Bedenken bezüglich der Netzsicherheit entstehen. Im Gegensatz dazu fordern Netzbetreiber häufig die Verwendung des Wieland-Steckers und begründen dies mit Sicherheitskriterien. Wie das Photovoltaik Institut Berlin AG ermittelt hat sind diese jedoch unbegründet. Deren Forschungsergebnisse werden dadurch unterstrichen, dass in der Praxis bei inzwischen einer halben Million Betreibern von Balkonkraftwerken faktisch keine Schadensfälle bei einem Anschluss an eine Schuko-Steckdose bekannt sind. Auf Grund der Brisanz dieses Themas ist davon auszugehen, dass die Netzbetreiber und Versicherungen solche Meldungen aufgreifen und entsprechen medial verwenden. Da dies bis dato nicht geschehen ist,

ist davon auszugehen, dass tatsächlich keine Schadensfälle vorliegen (Hoffmeier, 2022).

Rein rechtlich betrachtet muss lediglich der allgemein anerkannte Stand der Technik nach §49 EnWG eingehalten, den die Schuko-Steckdose erfüllt. Solange diese Vorgabe erfüllt wird, liegt die Wahl der Steckvorrichtung außerhalb der Entscheidungsbefugnis des Netzbetreibers, sondern beim Betreiber des Balkonkraftwerks (Hoffmeier, 2022).

Es ist also festzuhalten, dass Sie rein rechtlich betrachtet Balkonkraftkraftwerke den produzierten Strom über eine Schuko-Steckdose einspeisen dürfen und die Installation einer Wieland-Steckdose nicht zwingend erforderlich ist. Das hierbei eingesparte Geld verkürzt die Amortisationsdauer oder kann für ein Gerät verwendet werden, mit dem der produzierte Strom monitort werden kann.

Eine dritte Möglichkeit ist der direkte Anschluss an das Stromnetz des Hauses. Hier empfiehlt es sich dann aber, das Balkonkraftwerkt mit einer eigenen Sicherung zu versehen.

3.10 Geräte zum Messen des produzierten Stroms

Für viele Betreiber von Balkonkraftwerken ist eine der spannendsten Fragen wie viel Strom produziert und selbst verbraucht wird. Hierfür gibt es am Markt unzählige Geräte, die genau das ermöglichen. Neben den älteren Geräten, die selbst mit einem kleinen Display ausgestattet sind, sind vor allem die modernen Einrichtungen interessant, die sich per WLAN mit einem mobilen Endgerät verbinden lassen und die erhobenen Daten graphisch aufbereitet in einer App zur Verfügung stellen (Chris, 2022). Auf Grund der Vielzahl am Markt erhältlicher Produkte wird exemplarisch nur eins präsentiert, das die wichtigsten Funktionen beinhaltet und bei Betreibern von Balkonkraftwerken häufig verwendet wird.

Abbildung 19: Die FRITZ! DECT wird häufig zum Messen des erzeugten Stroms verwendet (Chris, 2022)

Die FRITZ! DECT Steckdose wird häufig zum Messen des von einem Balkonkraftwerk erzeugten Stroms verwendet. Die ermittelten Daten werden von dem Zwischenstecker, der auch in einer eigens konzipierten Outdoorvariante erhältlich ist, mittels DECT direkt an die FRITZ!Box gesendet und kann dort über die AVM FRITZ!Box Visualisierung (siehe folgende Grafik) ausgewertet werden. Auf diese Art lassen sich Tage, Wochen, Monate und Jahre miteinander vergleichen. Neben dem in kWh produzierten Strom kann auch das eingesparte Geld oder CO_2 angezeigt werden. Größter Nachteil an dieser Lösung ist, dass sie nur mit einer FRITZ!Box kompatibel ist und nicht mit anderen Routern verwendet werden kann (Chris, 2022).

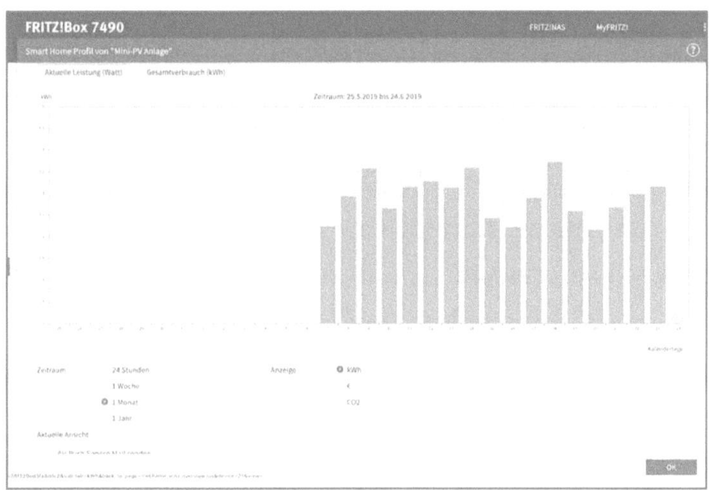

Abbildung 20: Graphische Oberfläche der FRITZ! DECT Steckdose (Chris, 2022)

Letztlich empfiehlt sich bei diesem Thema die eigene Recherche im Internet nach geeigneten Geräten. Der Markt ist an dieser Stelle quasi unbegrenzt in Hinblick auf Preis und Funktionalitäten. Es ist jedoch zu beachten, dass jede dieser Einrichtungen wieder Geld kostet und letztlich die Amortisationsdauer der Gesamtanlage verlängert.

3.11 Geeignetes Montagematerial

Wie bereits beschrieben gibt es für Balkonkraftwerke unzählige Montagemöglichkeiten. Dort werden neben der klassischen Montage am Balkongeländer auch exotischere Beispiele aufgeführt, die Anregungen für das eigene Projekt liefern.

Generell ist festzuhalten, dass es für Balkonkraftwerke häufig keine genormten Konstruktionen gibt und daher selbstgebaute Lösungen zum Einsatz kommen, die mit Teilen aus dem Baumarkt oder Internet zusammengebaut werden. Dies ist grundsätzlich ein guter Ansatz, da dadurch die beste Lösung für die jeweiligen Begebenheit möglich ist. Bei aller Kreativität sollte der Fokus jedoch auf Langlebigkeit und Sicherheit gelegt werden. Aus diesem Grund sollten möglichst witterungsunabhängige Materialien wie Metall verwendet werden. Besonders geeignet sind für selbst gebaute Unterkonstruktionen die Aluprofile der Firma Bosch Rexroth AG, da es für diese eine Vielzahl an kompatiblem Zubehör gibt, das keine Wünsche offen lässt in Hinblick auf Kreativität und Möglichkeiten (Bosch Rexroth AG, 2022).

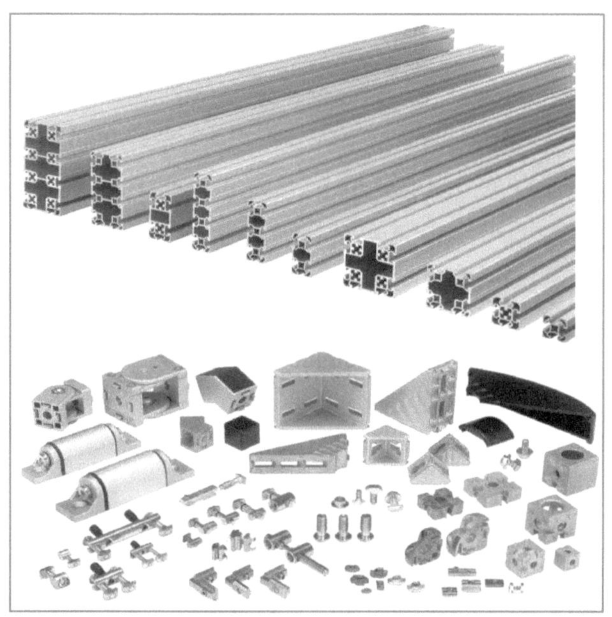

Mit diesen Aluprofilen kann für ziemlich jede Begebenheit eine Unterkonstruktion gebaut werden, die sowohl stabil als auch witterungsbeständig ist. Ein weiterer Vorteil ist, dass die Teile untereinander kompatibel sind und fest miteinander verschraubbar sind.

3.12 Wichtige Aspekte bei der Montage

Bei der Montage eines Balkonkraftwerks sind einige wichtige Sicherheitsvorkehrungen zu beachten. Zunächst sollten Sie die Statik und Stabilität des Balkons überprüfen, um sicherzustellen, dass er die zusätzliche Last der PV-Anlage tragen kann. Es ist wichtig, dass die Montagestruktur und die Befestigungselemente stabil und sicher sind, um ein Herunterfallen oder Abrutschen der Anlage zu verhindern. Im Zweifel können Sie flexible Module montieren. Diese verfügen im Vergleich zu Glasmodulen über ein sehr geringes Gewicht und sind sehr einfach zu montieren.

Ein weiterer wichtiger Aspekt ist die elektrische Sicherheit. Es ist ratsam, einen Fachmann hinzuzuziehen, um die elektrische Installation vorzunehmen oder zu überprüfen. Es sollten geeignete Kabel mit ausreichender Isolierung verwendet werden, und alle Verbindungen müssen ordnungsgemäß ausgeführt sein, um potenzielle Gefahren wie Kurzschlüsse oder Stromschläge zu vermeiden.

Der Brandschutz ist ebenfalls von großer Bedeutung. Stellen Sie sicher, dass keine brennbaren Materialien in der Nähe der PV-Anlage vorhanden sind. Die Module und Verkabelungen sollten keinen Kontakt mit leicht entzündlichen Materialien haben. Zusätzlich sollten die vorgeschriebenen Abstände zu brennbaren Bauteilen wie Dachüberständen oder Markisen eingehalten werden, um das Risiko von Bränden zu minimieren.

Der Blitzschutz ist ein weiterer wichtiger Faktor. Bei der Installation einer PV-Anlage sollten geeignete Blitzschutzmaßnahmen ergriffen werden, um die Anlage vor Schäden durch Blitzeinschläge zu schützen. Es wird empfohlen, einen Fachmann zu konsultieren, um sicherzustellen, dass alle erforderlichen Maßnahmen ergriffen werden, um die Sicherheit der Anlage zu gewährleisten. Bei Balkonkraftwerken kann der Blitzschutz jedoch in aller Regel vernachlässigt werden.

Die Zugänglichkeit des Balkonkraftwerks ist ebenfalls ein wichtiger Punkt. Stellen Sie sicher, dass die Anlage so installiert wird, dass sie sicher zugänglich ist, um Wartungsarbeiten oder eventuelle Reparaturen durchführen zu können. Beachten Sie, dass der Zugang zu den Modulen und anderen Komponenten möglicherweise eingeschränkt ist und besondere Sicherheitsvorkehrungen erforderlich sind, um Verletzungen oder Unfälle zu vermeiden.

Darüber hinaus sollten Sie die örtlichen Bauvorschriften und Genehmigungsverfahren beachten. Möglicherweise benötigen Sie eine Genehmigung für die Installation eines Balkonkraftwerks, insbesondere wenn der Montageort über einem öffentlichen Ort wie Fußwegen liegt und die Teile bei einem Absturz unter Umständen Personen oder fremdes Eigentum beschädigen können. Stellen Sie sicher, dass Sie alle erforderlichen Vorschriften und Richtlinien einhalten, um rechtliche Konsequenzen und potenzielle Sicherheitsrisiken zu vermeiden.

Es ist wichtig, die Sicherheitsvorkehrungen ernst zu nehmen und im Zweifelsfall einen Fachmann hinzuzuziehen, um eine sichere Installation des Balkonkraftwerks zu gewährleisten. Nur so können Sie die maximale Leistung und Sicherheit Ihrer Anlage gewährleisten.

3.13 Umweltbilanz

Auch wenn Photovoltaik als saubere Energiequelle gilt und während der Nutzungsphase keine Emissionen ausstößt, werden davor für die Produktion und danach für die Entsorgung von Panels z. T. Schadstoffe verwendet und Klimagase emittiert.

Laut dem Umweltbundesamt und dem Fraunhofer-Institut für Solare Energiesysteme benötigen Solarmodule in Deutschland etwa ein Jahr bis sie die für deren Herstellung eingesetzte Energie wieder produziert haben. Bei Standorten in Südeuropa kann dies bereits innerhalb von acht Monaten erfolgen. Ausgehend davon, dass die meisten Hersteller 25 bis 30 Jahre Garantie für ihre Module geben und diese häufig auch noch danach Strom erzeugen und in Betrieb bleiben, ist die reine Energiebilanz mehr als positiv und durch kaum eine andere Energiequelle zu erreichen (Storch, 2022).

Laut Umweltbundesamt erzeigen PV-Module je produzierter Kilowattstunde Strom einen Treibhauseffekt, der sich mit ca. 40 Gramm CO 2beziffern lässt. Was auf den ersten Blick viel wirkt, ist im Vergleich zu durch Braunkohle produzierten Strom verschwindend gering: Hier werden für die gleiche Menge Strom 1.000 Gramm CO2 durch das Verfeuern der Kohle erzeugt. Bau und Abriss des Kraftwerks sowie der Abbau und Transport der Kohle dorthin sind hier nicht eingerechnet. Inzwischen hat das Fraunhofer Institut die Berechnung für moderne PV-Anlagen angepasst und gibt hier nun einen Wert von lediglich 20 Gramm CO2 an, da inzwischen die Herstellungsprozesse optimiert wurden und beispielsweise die Siliziumschicht nur noch halb so dick ist wie vor wenigen Jahren und auch beim Zersägen des

Siliziums ergibt sich weniger Abfall. Die beste Umweltbilanz entfällt auf Panels, die rahmenlos sind, da hier auf Aluminium verzichtet wird (Storch, 2022).

Da die meisten Solarmodule aus Asien importiert werden, wirkt sich auch der Transport nach Europa sowie der dortige Energiemix auf die Gesamtbetrachtung aus. Durch eine europäische Produktion ließen sich die CO2-Emissionen um ca. 40 % reduzieren. Laut dem Umweltbundesamt werden für die Herstellung keine knappen Rohstoffe oder seltenen Ressourcen verwendet, die schwer zu beschaffen sind. Das wichtigste Ausgangsmaterial ist das aus Sand gewonnene Silizium für die Solarzellen sowie Aluminium für die Rahmen (Storch, 2022).

Ferner ist festzuhalten, dass Solarzellen weder giftig, noch Sondermüll sind. Im Gegensatz zu anderen elektronischen Geräten enthalten sie relativ wenige Materialien, die nicht die Umwelt erreichen sollten. So ist den elektrischen Kontakten häufig Blei sowie in den Modulen selbst manchmal Cadmium. Diese Substanzen sind während dieses Betriebs in den Panels gebunden und werden dabei nicht ausgewaschen, sodass sie keine Gefahr darstellen. Auf europäischer Ebene gibt es bereits erste Bestrebungen die Verwendung von Blei als Inhaltsstoff zu verbieten. Dies soll in einer Ökodesign-Richtlinie festgelegt werden, in der u.a. Haltbarkeit und Inhaltsstoffe der Module verbindlich vorgeschrieben werden sollen (Storch, 2022).

Bisher werden noch verhältnismäßig wenige PV-Module in Deutschland verschrottet. Im Jahr 2018 werden ca. 8.000 Tonnen als

Schrott erfasst. Diese Zahl wirkt auf den ersten Blick relativ groß, entspricht aber tatsächlich nur etwa 1 % des kompletten Elektro-Schrotts in diesem Jahr. Die Deutsche Umwelthilfe geht davon aus, dass sich diese Zahl bis 2030 vervielfachen und in der Spitze bei einer Million Tonnen landen wird. Diese Prognose unterstreicht die Wichtigkeit guter Recyclingkonzepte für ausrangierte PV-Module. Bereits heute wird das für die Rahmen verwendete Aluminium beinahe vollständig wiederverwendet, ebenso das Kupfer aus den Kabeln. Das Glas kann, stand Heute, mit anderen Materialien vermischt und zerkleinert, zu Glaswolle verarbeitet werden, die jedoch dann nicht mehr recycelbar ist. Weitere Hoffnungen werden in einen sich noch in den Anfängen befindlichen Zweitmarkt für Solarmodule gesteckt. Hierüber könnten künftig gebrachte Module, die nicht mehr die volle Leistung bringen, weiterverkauft und einer neuen Nutzung zugeführt werden (Storch, 2022).

Häufig greifen die Betreiber von Balkonkraftwerken auf gebrauchte Module zurück, um so die Investitionskosten weiter zu senken und eine schnellere Amortisation zu erzielen. Der zweite Vorteil dieser Zweitnutzung besteht in der sich durch die längere Laufzeit noch positiveren Umweltbilanz.

3.14 Grundlagen für das Zusammenstellen einer eigenen Anlage

Wenn Sie eine PV-Anlage selbst zusammenstellen möchten, gibt es mehrere technische Aspekte und Besonderheiten zu beachten, um sicherzustellen, dass Ihre Anlage effizient und zuverlässig funktioniert. Zunächst sollten Sie hochwertige Solarzellen und Module auswählen. Achten Sie auf die Leistung und den Wirkungsgrad der Module, um eine maximale Stromerzeugung zu erreichen. Es ist auch wichtig, die Qualität der Komponenten zu überprüfen und nach gängigen Zertifizierungen wie IEC, TÜV oder CEC Ausschau zu halten, um die Zuverlässigkeit und Sicherheit der Anlage zu gewährleisten.

Ein weiterer wichtiger Faktor ist der Wechselrichter, der den von den Solarmodulen erzeugten Gleichstrom in netzkonformen Wechselstrom umwandelt. Wählen Sie einen Wechselrichter mit ausreichender Leistung, um den Strom effizient umzuwandeln, und achten Sie auf den Wirkungsgrad, um Energieverluste zu minimieren. Es ist auch ratsam, einen Wechselrichter mit fortschrittlicher MPPT-Technologie (Maximum Power Point Tracking) zu wählen, die die maximale Leistung aus den Solarmodulen extrahiert, insbesondere bei schwankenden Lichtverhältnissen.

Wenn Sie die Komponenten für ein Balkonkraftwerk oder eine Inselanlage selbst zusammenstellen und auf kein fertiges Set bei einem Händler zurückgreifen möchten, müssen Sie auf folgende Grundlagen der Physik achten:

❖ Spannung (U) wird in Volt (V) gemessen
❖ Strom (I) wird in Ampere (A) gemessen

❖ Leistung (P) wird in Watt (W) gemessen

❖ Leistung (P) = Spannung (U) x Strom (I)

Aus diesen Formeln lassen sich folgende Werte für Balkonkraftwerke und Inselanlagen ableiten:

Modulleistung in Watt	Spannung in Volt	Maximaler Strom in Ampere
100	100	1,00
200	100	2,00
400	230	1,74
100	12	8,33
200	12	16,66
100	24	4,16
200	24	8,32

Abbildung 22: Überblick über Modulleistungen in Relation zur Spannung

Die Spannung ist insofern wichtig, dass beim Laden von Batterien und Akkus ein Spannungsgefälle erforderlich ist. Das bedeutet in der Praxis Folgendes:

Soll ein Modul eine 12-Volt-Batterie laden, so muss das Modul mehr als 12-Volt Spannung liefern. Liefert das Modul beispielsweise nur 10 Volt, so würde es keinen Strom an die Batterie abgeben und diese würde auch bei optimaler Sonneneinstrahlung nicht geladen werden.

Gleichzeitig darf das Spannungsgefälle auch nicht zu groß gewählt werden, da ansonsten die Ladeverluste zu hoch sind und die Gefahr besteht, dass die Elektronik im Laderegler überfordert wird und Schaden nimmt.

Solarmodule haben einen sogenannten MPP-Punkt. Das ist der Spannungs- bzw. Stromwert, bei dem das Modul die maximale Leistung erbringt.

Das deutsche Stromnetz in Haushalten beträgt seit der letzten Umstellung 230 Volt. Insellösungen, wie sie beispielsweise gerne in Gartenlauben oder Wohnwägen genutzt werden, sind häufig Niederspannungssysteme, die mit 12 Volt oder 24 Volt operieren.

Bei der Verkabelung und den Anschlüssen sollten Sie Kabel mit ausreichendem Querschnitt verwenden, um Spannungsabfälle zu minimieren und die Effizienz der Anlage zu maximieren. Achten Sie auch auf qualitativ hochwertige und sichere Anschlüsse und Steckverbinder, um eine zuverlässige Verbindung zwischen den Komponenten sicherzustellen. Die Integration von Überspannungsschutzvorrichtungen ist ebenfalls wichtig, um die Anlage vor Blitzeinschlägen und Spannungsspitzen zu schützen.

Das Montagesystem spielt eine entscheidende Rolle für die stabile und sichere Befestigung der Solarmodule. Je nach Dachtyp (z. B. Schrägdach, Flachdach) sollten Sie das passende Montagesystem auswählen. Stellen Sie sicher, dass das System den örtlichen Wind- und Schneelasten standhalten kann, um die Stabilität der Anlage zu gewährleisten.

Ein weiterer wichtiger Aspekt ist das Überwachungssystem. Integrieren Sie ein System, um den Betrieb der PV-Anlage zu überwachen. Dies ermöglicht es Ihnen, die Leistung der Anlage im Auge zu behalten,

Fehler oder Ausfälle frühzeitig zu erkennen und die Leistung zu optimieren.

3.15 Ertragsmöglichkeiten und Wirkungsgrad

Es gibt zahlreiche Faktoren, die direkten Einfluss auf den Ertrag haben. Einer der wichtigsten, aber häufig vernachlässigten Umstände ist die künftige Verschattung der Module. Da PV-Anlage nach der Installation häufig für mehrere Jahre am gleichen Ort verbleiben und nicht regelmäßig versetzt werden, sollte bereits bei der Platzwahl darauf geachtet werden, dass auch in Zukunft keine oder

Abbildung 23: Beispiel für bereits bei der Planung zu beachtende künftige Verschattung (Anondi, 2022)

Die Neigung von Solarmodulen hat direkten Einfluss auf deren Ertrag. Das liegt daran, dass deren Funktionsweise so ausgelegt ist, dass wenn

Sonnenlicht in einem rechten Winkel auf die Anlage scheint, die Elektronen sich mit höchster Geschwindigkeit bewegen. Daraus folgt, dass in diesem Fall elektrischer Strom mit maximaler Leistung fließt. Der optimale Sonnenstand wird vor allem im Frühling und Sommer gegen Mittag erreicht. In den anderen Jahreszeiten steht die Sonne im Zenit deutlich niedriger, es ändert sich also der Auftreffwinkel. Da sich die Erde im Laufe eines Kalenderjahres einmal vollständig über eine bestimmte Umlaufbahn um die Sonne herumbewegt ist festzuhalten, dass sich der perfekte Neigungswinkel jeden einzelnen Tag leicht verändert. Aus diesem Grund ist im Winter ein größerer Neigungswinkel für einen höheren Ertrag besser. Eine Möglichkeit den für jede Tageszeit und jeweiligen Tag optimale Neigungswinkel auszunutzen besteht in der Nutzung einer Solaranlage mit Nachführung, deren Funktionsweise im Kapitel 8 Montagebeispiele näher erläutert wird. Für statische Anlagen gilt in Deutschland, dass bei einer Neigung von 35 Grad und direkter Südausrichtung im Jahresmittel das beste Ergebnis erzielt wird (Burkhardt, 2022).

In der folgenden Tabelle sind die Wirkungsgrade aller Neigungswinkel in Relation zur Ausrichtung dargestellt. Den Höchstwert stellt hierbei 100,0 dar. Alle davon abweichenden Werte präsentieren den potenziellen Ertrag eines Solarmoduls im Vergleich zur optimalen Montage.

Ausrichtung (Abweichung von Süden) / Neigungswinkel	0°	5°	10°	15°	20°	25°	30°	35°	40°	45°	50°	55°	60°	65°	70°	75°	80°	85°	90°
0°	86,5	90,0	92,9	95,3	97,3	98,7	99,6	100,0	99,8	99,0	97,8	96,0	93,7	90,9	87,6	83,9	79,9	75,3	70,6
5°	86,5	90,0	92,9	95,3	97,3	98,7	99,6	100,0	99,8	99,0	97,7	96,0	93,7	91,0	87,7	84,0	79,9	75,5	70,7
10°	86,5	89,9	92,8	95,3	97,2	98,6	99,5	99,8	99,6	98,9	97,6	95,9	93,6	90,8	87,6	83,9	79,9	75,5	70,7
15°	86,5	89,9	92,7	95,1	97,0	98,4	99,2	99,5	99,3	98,7	97,4	95,6	93,3	90,5	87,3	83,7	79,7	75,3	70,7
20°	86,5	89,8	92,6	94,9	96,7	98,0	98,8	99,1	98,9	98,1	96,9	95,0	92,8	90,1	87,0	83,5	79,5	75,2	70,6
25°	86,5	89,7	92,4	94,6	96,3	97,6	98,3	98,6	98,3	97,5	96,1	94,4	92,3	89,6	86,5	83,0	79,1	74,9	70,4
30°	86,5	89,6	92,1	94,1	95,8	97,0	97,6	97,9	97,5	96,7	95,5	93,8	91,6	88,9	85,8	82,4	78,6	74,4	70,1
35°	86,5	89,4	91,8	93,7	95,3	96,2	96,9	97,0	96,6	95,8	94,6	92,8	90,6	87,9	85,0	81,6	77,9	73,9	69,6
40°	86,5	89,2	91,4	93,2	94,5	95,5	96,0	96,0	95,5	94,7	93,5	91,6	89,4	87,0	84,0	80,7	77,0	73,1	69,0
45°	86,5	89,0	91,0	92,6	93,8	94,6	95,0	94,9	94,4	93,6	92,1	90,4	88,3	85,8	82,8	79,6	76,1	72,2	68,1
50°	86,5	88,7	90,5	92,0	93,0	93,6	93,9	93,7	93,2	92,1	90,7	89,0	87,0	84,4	81,4	78,4	74,9	71,2	67,3
55°	86,5	88,5	90,1	91,3	92,1	92,6	92,7	92,4	91,7	90,7	89,3	87,6	85,3	82,7	80,1	77,0	73,6	69,9	66,2
60°	86,5	88,3	89,6	90,5	91,1	91,4	91,3	91,0	90,7	89,0	87,6	85,9	83,6	81,2	78,5	75,5	72,1	68,7	65,0
65°	86,5	88,0	89,0	89,7	90,1	90,2	89,9	89,4	88,5	87,3	85,9	84,0	81,9	79,6	76,8	73,7	70,6	67,3	63,6
70°	86,5	87,7	88,4	88,9	89,0	88,9	88,4	87,9	86,8	85,6	84,0	82,1	80,0	77,6	74,9	72,0	69,0	65,7	62,1
75°	86,5	87,4	87,9	88,0	87,9	87,6	87,0	86,1	85,0	83,7	82,0	80,1	78,0	75,6	72,9	70,2	67,3	63,9	60,6
80°	86,5	87,1	87,3	87,1	86,7	86,2	85,4	84,4	83,1	81,7	79,9	78,1	75,9	73,5	71,0	68,2	65,3	62,1	59,0
85°	86,5	86,7	86,6	86,2	85,6	84,7	83,8	82,6	81,2	79,6	77,9	75,9	73,7	71,3	68,8	66,1	63,2	60,3	57,3
90°	86,5	86,4	86,0	85,3	84,4	83,3	82,1	80,7	79,2	77,5	75,6	73,6	71,4	69,0	66,6	63,9	61,2	58,4	55,3
95°	86,5	86,1	85,3	84,4	83,1	81,9	80,4	78,8	77,1	75,3	73,3	71,3	69,0	66,7	64,3	61,6	59,0	56,2	53,3
100°	86,5	85,9	84,7	83,4	81,9	80,3	78,6	76,8	75,0	73,0	71,0	68,9	66,7	64,4	61,9	59,3	56,8	54,1	51,3
105°	86,5	85,5	84,1	82,4	80,7	78,8	76,9	74,9	72,8	70,8	68,7	66,5	64,2	61,9	59,5	57,0	54,5	51,9	49,3
110°	86,5	85,2	83,5	81,6	79,5	77,3	75,1	72,9	70,7	68,5	66,3	64,0	61,8	59,5	57,0	54,7	52,1	49,7	47,3
115°	86,5	84,9	82,9	80,7	78,3	75,9	73,3	71,0	68,5	66,2	63,9	61,6	59,3	57,0	54,6	52,3	49,9	47,6	45,2
120°	86,5	84,6	82,3	79,8	77,1	74,4	71,6	69,0	66,4	63,9	61,5	59,1	56,8	54,5	52,2	50,0	47,7	45,5	43,1
125°	86,5	84,4	81,8	79,0	76,0	73,0	70,0	67,0	64,3	61,6	59,1	56,7	54,4	52,1	49,9	47,7	45,5	43,3	41,3
130°	86,5	84,1	81,2	78,1	74,9	71,6	68,4	65,3	62,2	59,5	56,8	54,4	52,0	49,8	47,6	45,5	43,5	41,4	39,4
135°	86,5	83,9	80,7	77,4	73,9	70,4	66,9	63,5	60,3	57,3	54,6	52,1	49,8	47,6	45,5	43,4	41,4	39,5	37,6
140°	86,5	83,6	80,3	76,7	73,0	69,2	65,5	61,9	58,5	55,3	52,5	49,9	47,6	45,4	43,4	41,5	39,6	37,8	36,0
145°	86,5	83,4	79,9	76,1	72,0	68,1	64,2	60,5	56,9	53,6	50,6	47,9	45,6	43,4	41,5	39,6	37,9	36,1	34,5
150°	86,5	83,3	79,5	75,5	71,4	67,3	63,3	59,3	55,6	52,1	48,8	46,1	43,6	41,6	39,6	37,9	36,3	34,7	33,1
155°	86,5	83,0	79,2	75,0	70,4	66,4	62,4	58,4	54,5	50,8	47,4	44,4	41,9	39,9	38,0	36,4	34,8	33,3	31,9
160°	86,5	83,0	78,9	74,6	70,1	65,9	61,7	57,6	53,6	49,9	46,3	43,1	40,4	38,3	36,5	35,0	33,5	32,1	30,8
165°	86,5	82,8	78,7	74,3	69,7	65,4	61,2	57,0	53,0	49,1	45,5	42,1	39,3	37,0	35,3	33,9	32,4	31,2	29,9
170°	86,5	82,7	78,5	74,0	69,4	65,0	60,8	56,6	52,5	48,6	44,9	41,5	38,5	36,1	34,4	33,0	31,6	30,4	29,3
175°	86,5	82,7	78,4	73,9	69,3	64,9	60,6	56,4	52,2	48,3	44,5	41,1	38,1	35,6	33,9	32,4	31,2	29,9	28,8
180°	86,5	82,7	78,4	73,8	69,2	64,8	60,5	56,3	52,1	48,1	44,4	41,0	37,9	35,5	33,7	32,3	31,0	29,8	28,7

Abbildung 24: Ertrag einer PV-Anlage im Vergleich zur perfekten Neigung und Ausrichtung (Burkhardt, 2022)

Aber nicht nur die Neigung und die Ausrichtung nach Süden haben Auswirkung auf die effektive Leistung. Weitere Einflussfaktoren sind der Wirkungsgrad der Module, die Verschattung, Anzahl Sonnenstunden sowie der Standort auf der Erde. Die Globalstrahlung der Sonne erreicht am Äquator ihren Höhenpunkt und verliert in Richtung der Pole stetig an Energie. Das bedeutet, dass zwei identisch ausgerichtete PV-Anlagen in Garmisch-Partenkirchen und Hamburg einen unterschiedlichen Energie-Output haben. Durchschnittlich beträgt im Jahr 2020 die Globalstrahlung in Deutschland 1.171 kWh/m2 (Burkhardt, 2022).

In der Praxis zeigt sich, dass neben diesen Faktoren auch die Temperatur der Module und des Wechselrichters Einfluss auf den Ertrag haben. Experten empfehlen daher in den Sommermonaten den Wechselrichter zu kühlen, um den Wirkungsgrad zu erhöhen und die Module so zu installieren, dass dahinter die Luft zirkulieren kann und keine Stauhitze entsteht.

3.16 Praktisches Beispiel für Ertrag

Wie bereits geschrieben, hängt der Ertrag einer Photovoltaikanlage von verschiedenen Faktoren ab. Neben dem Neigungswinkel, eventueller Verschattung, Leistung der Module, Leistung des Wechselrichters, Temperatur des Wechselrichters und der Jahreszeit hat auch der Breitengrad des Aufstellungsorts direkten Einfluss auf den Ertrag. In der folgenden Tabelle sind die monatlichen Erträge in kWh für eine Anlage mit Modulen und Wechselrichter mit jeweils 600 Watt Leistung sowie einem 35-Grad-Neiungswinkel und voller Südausrichtung.

Monat	München	Hamburg
Januar	24,90	12,42
Februar	34,98	23,40
März	49,62	36,78
April	57,90	56,94
Mai	66,60	70,80
Juni	62,40	61,20
Juli	69,00	66,60
August	63,60	60,60
September	52,26	44,58
Oktober	41,88	31,38
November	25,98	16,86
Dezember	18,30	9,78
Summe	**568,2**	**491,4**

Abbildung 25: Durchschnittliche monatliche Stromproduktion in kWh (Wagner, 2022)

Auf Jahressicht ergibt sich trotz identischer Ausgangsbedingungen in München ein um circa 77 kWh größerer Ertrag als in Hamburg. Und das obwohl im Mai in Norddeutschlag die Ausbeute höher ist als im Süden. Dennoch ist der Standort in Bayern besser geeignet für Photovoltaik.

Ein Blick auf die nachfolgende Grafik verdeutlicht den Standortvorteil .

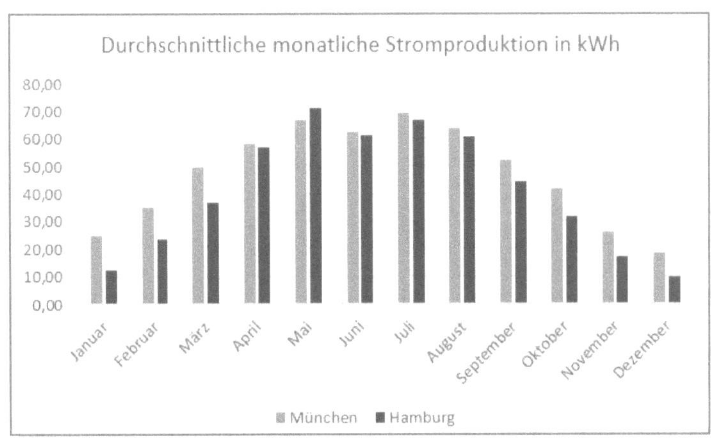

Abbildung 26: Durschnittliche monatliche Stromproduktion in kWh (eig. Abbildung)

Um dennoch auch an vermeintlich weniger geeigneten Standorten einen möglichst hohen Ertrag zu erzielen, empfiehlt es sich, bei der Zusammenstellung des Balkonkraftwerks, nicht nur auf die maximale Leistung des Wechselrichters von 600 Watt zu achten, sondern auch auf die der Module. Viele Wechselrichter sind in der Lage eine höhere Eingangsleistung als 600 Watt zu verarbeiten. So können beispielsweise an den Hoymiles 600 Microinverter Module mit einer Leistung von bis zu 750 Watt angeschlossen werden. So können Sie auf legale Art Ihren Ertrag optimieren und im Idealfall sogar über 600 kWh Strom pro Jahr produzieren.

Der Ertrag bzw. das Einsparpotenzial eines Balkonkraftwerks hängen direkt mit dem selbstverbrauchten Strom zusammen. Neben der Leistung des Wechselrichters und der Module ist daher auch auf die Ausrichtung de Module zu achten. Es nützt Ihnen wenig, wenn Sie zur Mittagszeit für eine Stunde 600 Watt produzieren, diese aber zu diesem Zeitpunkt gar nicht selbst verbrauchen können. Viele Betreiber von Balkonkraftwerken empfehlen einen Aufbau der Anlage mit folgendem Aufbau:

- ❖ Wechselrichter mit zwei Modulen. Ausrichtung Modul 1 in Richtung Süd-Osten. Ausrichtung Modul 2 in Richtung Südwesten.
- ❖ Wechselrichter mit drei Modulen. Ausrichtung Modul 1 in Richtung Süd-Osten. Ausrichtung Modul 2 in Richtung Süden Ausrichtung Modul 3 in Richtung Südwesten.

Bei beiden Varianten haben Sie in der Spitze vermutlich, je nach verwendeten Solarmodulen, weniger Ertrag, als bei einer vollständigen Ausrichtung der kompletten Anlage nach Süden. Sie haben jedoch über einen längeren Zeitraum am Tag durchschnittlich höhere Erträge, die Sie leichter selbst verbrauchen können, da Sie Ihren Eigenverbrauch weniger genau timen müssen.

4. Die Anmeldung beim Stromanbieter

4.1 Anmeldung eines klassischen Balkonkraftwerks

Auch wenn die bürokratischen Hürden für Balkonkraftwerke relativ niedrig sind, gibt es doch ein paar Dinge vor Inbetriebnahme zu beachten. Häufig werden die angebotenen Balkonkraftwerke als Plug and Play Anlagen mit dem Versprechen angeboten, dass diese direkt an die Steckdose angesteckt werden können und nichts weiter beachtet werden muss. Dem ist auch theoretisch so, denn die Grundlage hierfür stelle die europäische Verordnung (EU) 2016/631 dar. In dieser ist geregelt, dass Stromerzeugungsanlagen mit einer Leistung von mehr als 800 kWp als signifikant gelten. Daraus ist abzuleiten, dass Anlagen mit einer schwächeren Leistung als nicht systemrelevant gelten. Diese europäische Richtlinie ist inzwischen in einzelnen Ländern wie Österreich umgesetzt. Die Bundesrepublik hat diese EU-Verordnung bis Dato nicht in nationales Recht umgesetzt. Dies hat zur Folge, dass auch Balkonkraftwerke wie große PV-Anlagen angemeldet werden müssen (Klein, 2022).

Balkonkraftwerke zeichnen sich dadurch aus, dass der erzeugte Strom direkt in das Stromnetz des eigenen Wohnsitzes eingespeist und dort im Idealfall auch verbraucht wird. Dies ist eine Situation, auf die die Hauselektrik grundsätzlich nicht ausgelegt ist. Eingangs ist diese nur darauf ausgelegt Strom von einer externen Quelle, dem Stromanbieter, zu beziehen. Auf dem Weg vom öffentlichen Netz zu den im Haushalt angesiedelten Verbrauchern passiert der Strom hierbei zwei Stationen. Erste Anlaufstelle ist der Stromzähler, in dem die verbrauchte Menge dokumentiert wird, sodass der Lieferant später seine Lieferung für eine Rechnung berücksichtigen kann. Die zweite Stelle ist der Sicherungskasten, der die Strommenge registriert, die im lokalen Netz fließt. Wenn diese Menge einen vorher festgelegten Schwellenwert überschreitet, wird der Stromkreis unterbrochen, um eine Überhitzung der Leitung und daraus resultierend einen Brand zu verhindern (Klein, 2022).

Wird dieses geschlossene System nun durch die Einspeisung von selbst produziertem Strom erweitert, so können verschiedene Probleme entstehen. Zum einen verringert sich die Menge des Stroms, die vom Anbieter abgenommen wird. Da in Deutschland Stromzähler durch die Einspeisung von selbst produziertem Strom nicht rückwärtslaufen darf, muss darauf geachtet werden, dass ein Zähler mit Rücklaufsperre verbaut ist. Zum anderen kann es theoretisch zu einer Überlastung des Stromnetzes kommen durch das Balkonkraftwerk. Dies ist jedoch auf Grund der geringen Leistung beinahe auszuschließen. Abhilfe für das erste Problem schafft die Anmeldung beim Netzanbieter. Dieser gibt Auskunft über die Art des verbauten Stromzählers und tauscht diesen bei Bedarf entsprechend aus. Für das zweite Problem stellt die Verwendung der in der VDE Anwendungsregel VDE-AR-N 4105: 2017-07 beschriebene Wieland-Stecker mit der dazugehörigen Einspeisesteckdose dar (Klein, 2022).

Nach Installation des Balkonkraftwerks muss dieses beim Netzbetreiber angemeldet werden. Wer dies ist muss jeweils einzeln geprüft werden. Auskunft kann hierzu der Energieversorger, die BDEW Datenbank oder die Störungsauskunft geben. Für die Anmeldung gibt es genau zwei Wege. Wenn der Betreiber seine Anlage selbst installiert hat, kann er am vereinfachte Anmeldeverfahren teilnehmen, indem er sie selbst über entsprechende Vordrucke seiner Netzanbieters anmeldet. Bei Installation und Inbetriebnahme durch eine Elektrofachkraft übernimmt diese die Anmeldung im Rahmen der Arbeitsrichtlinie VDE-AR-N4105:2018-11 (Klein, 2022).

Da in Deutschland bis dato die europäische Bagatellregelung noch nicht umgesetzt ist, werden Balkonkraftwerke wie große PV-Anlagen behandelt und müssen bei der Bundesnetzagentur angemeldet werden. Auf Verlangen dieser Behörde müssen Betreiber eines Balkonkraftwerks dieser Verpflichtung jährlich nachkommen. Die Erfahrung zeigt jedoch, dass auf Grund der geringen Leistung hiervon häufig abgesehen wird. Darüber hinaus muss die Anlage im Marktstammregister registriert werden. Hierbei ist darauf zu achten, dass bei Eigennutzung des Stroms und kostenloser Einspeisung der Überschüsse in das öffentliche Netz die Frage, ob der Netzbetreiber hierfür Entgelt zahlt, verneint werden (Klein, 2022).

Anders verhält es sich, wenn der Betreiber des Balkonkraftwerks von der EEG Förderung profitieren möchte. In diesem Fall ist die Anmeldung deutlich komplizierter und die Anlage unterliegt der jährlichen Meldepflicht sowie der 70 % Regelung. Diese besagt, dass 70 % des durch die Anlage produzierten Stroms in das öffentliche Stromnetz eingespeist werden muss. Der hierbei erzielte Preis pro kWh ist jedoch deutlich geringer als die Kosten, die bei einer Stromabnahme bei dem eigenen Stromlieferanten entstehen. Auf Grund der geringen Leistung von Balkonkraftwerken ist von dieser Möglichkeit daher eher abzuraten und der Eigenverbrauch zu präferieren (Klein, 2022).

4.2 Anmeldung einer autarken Anlage

Im vorherigen Kapitel haben wir uns eingehend mit der Frage beschäftigt ob und wie eine Balkonkraftwerk beim zuständigen Energieversorger angezeigt werden muss. In diesem Kapitel wird die komplexere Frage, ob für autarke Anlagen das gleiche Verfahren anzuwenden ist geklärt.

Häufig bestehen Verteilungsnetzbetreiber bei ihren Kunden darauf, dass diese auch autarke Anlagen oder auch Inselanlage genannte Photovoltaik-Anlagen bei diesen anmelden. Grundsätzlich ist festzuhalten, dass der Verteilungsnetzbetreiber hierfür eine Anspruchsgrundlage nach § 194 Abs. 1 BGB benötigt. Im Bürgerlichen Gesetzbuch ist geregelt, dass jeder Anspruch eine Anspruchsgrundlage benötigt und wenn diese nicht vorhanden ist eben kein Anspruch existiert.

Die Anwendungsregel VDE-AR-N 4105:2018-11 „Erzeugungsanlagen am Niederspannungsnetz – Technische Mindestanforderungen für Anschluss und Parallelbetrieb von Erzeugungsanlagen am Niederspannungsnetz" begründet keinen Anspruch, da es sich hierbei um kein Gesetz oder Verordnung, sondern um eine private Bestimmung handelt. Es fehlt ihr dadurch schlicht die Ermächtigungsgrundlage.

Bei dieser Grundlage könnte es sich theoretisch um § 49 Abs. 2 des Energiewirtschaftsgesetzes (EnWG) handeln, der prinzipiell Beachtung der allgemein anerkannten technischen Regeln der Bestimmung des Verbands der Elektrotechnik Elektronik Informationstechnik e. V. (VDE) möchte. Der Fokus des EnWG liegt klar auf der Netzverträglichkeit und der Stabilität sowie Zuverlässigkeit des Energieversorgungssystems. Da die hier beschrieben Inselanlagen nicht an das öffentliche Stromnetz angeschlossen werden, sind sie für dieses Gesetz irrelevant.

Eine weitere Möglichkeit ist die Niederspannungsverordnung (NAV), deren Ziel es ist schädliche Netzrückwirkungen, die durch die Errichtung und Betrieb von stromerzeugenden Anlagen zu vermeiden. Diese nimmt ebenfalls wieder Bezug zur Norm VDE-AR-N 4105. Wie Peter Marburger in seinem Buch „Die Regeln der Technik" auf Seite 47 und 148 ausführt sind Regelungen, die keinen Bezug zur Sicherheitstechnik haben und sich mit organisatorischen oder rechtlichen Fragen beschäftigen, auch dann keine allgemein anerkannten Regeln der Technik, wenn sie überwiegend angewandt werden. Die NAV scheidet daher aus Anmeldegrund aus, da Inselanlagen zu keinem Zeitpunkt mit dem durch diese Verordnung abgedeckte Niederspannungsnetz verbunden sind.

Unter Umständen können die Technischen Anschlussbedingungen 2007 (TAB 2007) einen vertraglichen Grund für eine Anmeldung darstellen, da der Endverbraucher diese bei Vertragsunterzeichnung anerkennen muss. Bei näherer Betrachtung der TAB 2007 ist festzustellen, dass hier kaum auf die VDE-AR-N 4105 referenziert wird. Des Weiteren ist festzuhalten, dass die TAB 2007 neben verschiedenen anmelde- und zustimmungspflichtigen Tatbeständen auch davon befreite aufzählt. Generell wird auch hier rein von Anlagen gesprochen, die nach Inbetriebnahme mit dem öffentlichen Stromnetz verbunden werden, was auf Inselanlagen nicht zutrifft.

Die TAB 2019 sind im Wesentlichen identisch wie die TAB 2007 mit dem Unterschied, dass hier erstmals der Begriff Inselbetrieb eingeführt wird. Damit dieser jedoch, wie bereits erläutert, keine Einspeisung in das öffentliche Stromnetz erfolgt, ergibt sich auch aus diesen Bedingungen keine Pflicht für eine Anmeldung bei einem Stromanbieter (Elektrofachkraft, 2022).

Dipl.-Wirtsch.-Ing. (FH) Markus Klar, LL.M. fasst das Thema wie folgt zusammen: „Photovoltaik-Inselanlagen ohne irgendeine Verbindung zum öffentlichen Niederspannungsnetz sind gegenüber dem Versorgungsnetzbetreiber (VNB) nicht anmeldepflichtig. Ein diesen Wunsch begründender Anspruch kann nicht festgestellt oder hergeleitet werden. Dazu hätten die Anlagen in den Anwendungsbereichen ausdrücklich genannt werden müssen (Elektrofachkraft, 2022)."

4.3 Erweiterung einer bereits bestehenden PV-Anlage um ein Balkonkraftwerk

Wenn Sie bereits eine große PV-Anlage haben und ein Balkonkraftwerk zusätzlich anschließen möchten, gibt es einige wichtige Dinge, auf die Sie achten sollten.

Grundsätzlich ist eine solche Erweiterung rein technisch betrachtet möglich und kann unter Umständen auch sinnvoll sind. Überprüfen Sie jedoch vorher die maximale Kapazität Ihres Netzanschlusses, um sicherzustellen, dass er ausreichend dimensioniert ist, um die zusätzliche Leistung der PV-Anlage zu handhaben. Die Gesamtleistung Ihrer PV-Anlage (einschließlich des Balkonkraftwerks) darf die maximale Kapazität des Netzanschlusses nicht überschreiten.

Stellen Sie sicher, dass Sie ausreichend Platz auf Ihrem Balkon für die Installation des Balkonkraftwerks haben. Berücksichtigen Sie die Abmessungen der Module und die notwendigen Montagesysteme. Überprüfen Sie auch, ob Ihr Balkon die zusätzliche Belastung tragen kann.

Überprüfen Sie, ob die vorhandene PV-Anlage und das Balkonkraftwerk die Anforderungen des Netzbetreibers für die Netzanbindung erfüllen. In einigen Fällen können zusätzliche Maßnahmen erforderlich sein, um die Netzstabilität und das Einspeisemanagement sicherzustellen.

Ferner ist zu beachten, dass es sich hierbei rein rechtlich betrachtet um die Erweiterung einer PV-Anlage handelt, die dem Netzbetreiber und der Bundesnetzagentur gemeldet werden müssen. Die Clearingstelle EEG/KWKG errechnet dann die neue Höhe der EEG-Vergütung, die man für die Gesamtanlage erhält.

Als Berechnungsgrundlage wird stets der aktuelle Satz der EEG-Vergütung herangezogen. Im Regelfall wird der Eigentümer einer PV-Anlage also durch eine solche Erweiterung seine bis dato vertraglich zugesicherte EEG-Vergütung verlieren. Besonders hart ist das für diejenigen, die ihre PV-Anlage bereits seit vielen Jahren mit einer sehr attraktiven Einspeisevergütung haben. Ob sich die Erweiterung durch ein Balkonkraftwerk dennoch lohnt hängt von Faktoren wie dem persönlichen Stromverbrauch und muss individuell entschieden werden (Nicolas, 2023).

5. Die Eigentümerversammlung

Für viele Interessenten eines Balkonkraftwerks, die in einer Wohnung leben, stellt die Eigentümerversammlung ein Schreckgespenst dar. Häufig besteht hier die Angst, dass die anderen Eigentümer das Vorhaben ablehnen. Ein häufig genannter Ablehnungsgrund ist die „Verschandelung der Außenansicht und damit einhergehende Wertminderung der Wohnungen in der Anlage".

Grundsätzlich ist festzuhalten, dass ein einfacher Mehrheitsbeschluss der Eigentümerversammlung erforderlich ist, wenn die Anlage an Gemeinschaftseigentum wie beispielsweise der Fassade oder dem Balkongeländer montiert werden soll. Soll die Anlage allerdings als auf der Balkon oder der Terrasse selbst aufgestellt werden, so ist hierfür keine Genehmigung der Eigentümerversammlung erforderlich.

In allen Fällen empfiehlt es sich mit den anderen Eigentümern, oder dem Vermieter, das Gespräch zu suchen und das eigene Vorhaben ordentlich aufbereitet zu präsentieren. Hier reicht es häufig nicht den Wunsch nach „Strom sparen" anzuführen. Es empfiehlt sich mit Skizzen oder Fotomontagen klar aufzuzeigen an welchem Standort das Balkonkraftwerk montiert werden und wie es sich auf die Außenansicht des Gebäudes auswirkt. Sie sollten ebenfalls zur präferierten Montagelösung sprechfähig sein. Wichtig ist es, dass die Anlage so montiert wird, dass sie gut fixiert und windfest ist, um bei Unwettern Unfälle durch umherfliegende Teile zu vermeiden.

Ordentlich aufbereitet zeigen sich in der Regel die anderen Eigentümer eher gewillt für den Aufbau zu stimmen, als wenn der Antrag lieblos aufbereitet oder die Argumentation auf Konfrontation aufgebaut ist.

Derzeit sind einige Gerichtsverfahren auf verschiedenen Instanzen noch offen, bei denen Mieter oder Eigentümer auf das Recht zur Errichtung eines Balkonkraftwerks klagen. In einigen Instanzen wurden die Klagen bereits bewilligt in Hinblick auf die von der Bundesregierung forcierte Energiewende. Leider liegt bis Dato noch keine Grundsatzentscheidung des Bundesgerichtshofs vor, auf die sich andere berufen können.

Perspektivisch wird sich hier im Deutschen Recht in den kommenden Jahren einiges bewegen. Im November 2022 haben die Justizminister aus sieben Bundesländern das Bundesjustizministerium in einer Stellungnahme dazu aufgefordert das Recht auf Eigenversorgung mit Strom im Wohneigentumsgesetz und im Mietrecht des Bundesgesetzbuches festzuschreiben.

6. Staatliche Förderungen

Bei Balkonkraftwerken handelt es sich um kleine Photovoltaik-Anlagen, die wie konventionelle Anlagen vereinfacht ausgedrückt über ein oder mehrere Panels, einen Wechselrichter sowie eine Steckvorrichtung zum Anschluss an das öffentliche Stromnetz ausgestattet sind. Für große Photovoltaik-Anlagen gibt es diverse öffentliche Förderprogramme, z.B. die Kredite 261, 262 oder 270 der Kreditanstalt für Wiederaufbau (KfW). Alle drei Programme verbindet, dass sie neben günstigen Darlehenszinsen z.T. auch über Tilgungszuschüsse verfügen. Auf Grund der Vorgaben für diese Programme können diese leider nicht für Balkonkraftwerke verwendet werden (KfW, 2022).

Auf Grund ihrer relativ geringen Größe und der einfachen Installation sind die Preise im Verhältnis zu normalen Photovoltaikanlagen eher überschaubar und die zu tätigende Investition bewegt sich häufig im Bereich zwischen 500 und 1000 Euro. Diese Beträge sprechen auch gegen aufwändige Antrags- und Bewilligungsverfahren durch große Institute wie die KfW. Dennoch gibt es häufig lokale Förderprogramme, die durch Kommunen finanziert und angeboten werden. So hat die bayerische Kleinstadt Günzburg eine eigene Solarkampagne in das Leben gerufen, bei der sie die Bürger bei dem Kauf eines Balkonkraftwerks mit jeweils 100 Euro unterstützt. Günzburg „möchte die Energiewende in der Stadt weiter aktiv vorantreiben und jeder Bewohnerin und jedem Bewohner der Stadt die Möglichkeit bieten, Solarstrom selbst zu erzeugen und (in Eigenverbrauch) zu nutzen (Stadt Günzburg, 2022)“.

Einen Schritt weiter geht die bayerische Landeshauptstadt München, die Balkonkraftwerke ab Oktober 2022 mit bis zu 320 Euro pro Wohneinheit fördern möchte. Wie aus der Beschlussvorlage bisher bekannt ist, greift der Höchstsatz für Anlagen mit 800 Wp (Radio Gong, 2022). Ob dieser Beschluss so durch das entsprechende Gremium abgenommen wird, stand zum Zeitpunkt der Erstellung dieses Buchs noch nicht fest.

Am Besten fragen Sie bei Ihrer Kommune oder Ihrem Landkreis nach, ob es in Ihrer Region inzwischen auch Förderungen für Balkonkraftwerke gibt. Seit dem Jahr 2023 gehen die Förderungen durch die Decke und es werden zum Teil bis zu 500 Euro von der öffentlichen Hand zum Kauf dazugegeben.

7. Einsparpotenzial

Das Einsparpotenzial von Balkonkraftwerken ist immer relativ und hängt von verschiedenen Faktoren ab. Ein normales Balkonkraftwerk mit einer Modul- und Wechselrichterleistung von 600 Watt erzeugt pro Jahr, in Abhängigkeit von der Ausrichtung zur Sonne (siehe Kapitel 3.3 und 3.4), 500 bis 550 kWh.

Dies ist der rein theoretische Wert, den der Betreiber mit seinem Balkonkraftwerk einsparen kann. Dies gelingt in der Praxis jedoch nur, wenn zum Zeitpunkt der Erzeugung auch entsprechend verbraucht wird. In den häufigsten Fällen liegt der Eigenverbrauch bei 80 bis 90 %. An durchschnittlichen Tagen produziert die Anlage so viel Strom, dass sie die permanent energieziehenden Verbraucher wie Kühlschrank, Internetrouter oder Smarthome Geräte wie Alexa mühelos mit Strom versorgen kann. An guten Tagen kann sie darüber hinaus noch weitere Geräte wie Laptops oder Fernseher versorgen. Der darüber hinaus produzierte Strom wird kostenfrei in das öffentliche Stromnetz eingespeist (Maik Hanau Engineering Solutions, 2022).

In Zahlen ausgedrückt bedeutet das bei einem durchschnittlichen Strompreis von 40 Cent pro kWh (Preis Anfang 2023) eine jährliche Ersparnis von 200 Euro. Ausgehend von einem durchschnittlichen Anschaffungspreis von 800 Euro für eine komplette Anlage mit zwei Modulen, Wechselrichter und Ständer ergibt dies eine Amortisation nach ca. vier Jahren.

Sie können den jährlichen Ertrag jedoch erhöhen, indem Sie die maximale Eingangsleistung des Wechselrichters ausnutzen. An den

Hoymiles HM-600 können beispielsweise zwei Module mit jeweils 380 Watt Leistung angeschlossen. Aber was genau nützt das?

Sie können nach wie vor maximal 600 Watt zu einem bestimmten Zeitpunkt erzeugen, hier ändert sich also erstmal nichts. Die Dauer, zu der Sie diese 600 Watt erzeugen können, wird allerdings deutlich länger. In diesem Beispiel produzieren Sie auch dann 600 Watt, wenn die beiden Module gerade nur 80 % ihrer maximalen Leistung ausschöpfen. Dies kann zum Beispiel dann der Fall sein, wenn der Sonneneinstrahlwinkel nicht mehr optimal oder der Himmel leicht bewölkt ist.

Eigene Tests mit mehreren Anlagen mit dieser Konfiguration haben ergeben, dass auf diese Art mit einem Balkonkraftwerk ohne Weiteres 700 kWh und mehr pro Jahr erzeugt werden können. Hieraus ergibt sich eine theoretische jährliche Ersparnis von bis zu 280 Euro.

Bitte beachten Sie bei solchen Konstellationen immer das Datenblatt des Wechselrichters und prüfen vor Inbetriebnahme, ob dieser die Spannung der Module überhaupt verträgt. Ist die Spannung der Module zu hoch verlieren Sie zum einen Garantieansprüche und zum anderen riskieren Sie, dass der Wechselrichter zerstört wird.

Was sich häufig wirtschaftlich nicht rechnet, ist die Kombination aus Balkonkraftwerk und Speicherung des nicht direkten verbrauchten Stroms. Zum einen sind diese Anlagen technisch gesehen relativ kompliziert im Aufbau und zum anderen dauert hier die Amortisation Jahrzehnte, wenn wir nur mal die 50 kWh Stunden betrachten, die aus dem oben aufgeführten Beispiel kostenlos in das öffentliche Stromnetz eingespeist werden. Diese 50 kWh haben in 2023 einen Gegenwert von etwa 20 Euro und ein sich tagsüber aus dem überschüssigen Strom ladender Akku, der nachts seine Energie wieder abgibt kostet hier die Einsparung etlicher Jahre, vermutlich mehrerer Jahrzehnte.

8. Montagebeispiele

Auf den folgenden Seiten werden Ihnen verschiedene Montagebeispiele für Balkonkraftwerke gezeigt. Sie werden feststellen, dass es nicht die eine Lösung für Balkonkraftwerke gibt, sondern einen ganzen Blumenstrauß an Möglichkeiten, der für wirklich jede bauliche Situation eine Antwort für die Umsetzung und zur Produktion von Strom zur Verfügung stellt. Lassen Sie die folgenden Bilder und Erklärungen auf sich wirken und holen Sie sich dabei Anregungen für die Umsetzung Ihres eigenen Projekts.

8.1 Klassisch am Balkongeländer

Die häufigste und zugleich namensgebende Montage eines Balkonkraftwerks ist direkt an einem Balkongeländer. Hierbei hängen die Module senkrecht vor der Brüstung und sind an diese montiert. Dies erfolgt mit Hilfe von Klemmen, Schellen oder Kabelbindern. Ein Bohren ist häufig nicht möglich, weil das Geländer oftmals dafür keine passenden Stellen und das Balkonkraftwerk vom Eigentümer nicht fest mit dem Gebäude verbunden werden soll.

Abbildung 27: Klassische Befestigung an einem Balkongeländer (Bernd Bötel, 2022)

8.2 Balkongeländer mit Winkel zur Ertragsoptimierung

Die zweite klassische Montageform erfolgt wieder direkt an einem Balkongeländer, dieses Mal wird der Sonneneinstrahlwinkel der Module durch eine Unterkonstruktion optimiert. Hierbei ist darauf zu achten, dass das komplette Gestellt ordentlich montiert wird, sodass es auch bei hoher Wind- bzw. Sturmlast sicher am Gebäude verankert ist und nicht herumfliegt.

Abbildung 28: Montage mit Winkeln zur Ertragsoptimierung an einem Balkongeländer (eigene Abbildung)

8.3 An einem gemauerten Balkon

Das nachfolgende Beispiel zeigt eine Montage ohne optimierten Einstrahlwinkel direkt an einem gemauerten Balkon eines Reihenmittelhauses der 1970er Jahre. Das hierbei verwendete 380-Watt-Modul wurde mittig platziert und auf zwei senkrecht stehende Aluprofile geschraubt, die direkt mit dem massiven Balkon verdübelt wurden. Die Anlage liefert auf diese Art in der Mittagszeit bei vollem Sonnenschein im Juni etwa 250 Watt und deckt den Grundbedarf des 2-Personen-Haushalts.

Abbildung 29: Montage an einem gemauerten Balkon (eigene Abbildung)

Eine der platzsparendsten Formen ist die direkte Montage an der Hausfassade. Diese eignet sich für alle Gebäudeformen und kann auch bei Wohnungen erfolgen, die weder über einen Balkon noch über ein eigenes Dach verfügen. So platzsparend die Installation ist, so kompliziert ist in diesem Fall bei Miet- und Eigentumswohnungen die Genehmigung. Da die Fassaden i.d.R. bei Eigentümergemeinschaften kein Sonder-, sondern Gemeinschaftseigentum sind, ist hierfür vor der Montage die einfache Mehrheit der Eigentümerversammlung erforderlich. Hier ist jedoch darauf zu achten, dass bei einer gedämmten Fassade nur spezielle Dübel und Schrauben verwendet werden dürfen, die zum einen das Gewicht des Panels tragen und zum anderen eine Kältebrücke im Mauerwerk verhindern.

Abbildung 30: Direkte Montage an einer Hausfassade (eigene Abbildung)

8.5 Auf einem Hausdach

Natürlich können Solarmodule auch klassisch auf einem Hausdach montiert werden. Dies ist jedoch im Vergleich zur Montage an einem Balkongeländer verhältnismäßig teuer. Hierfür wird i.d.R. ein Fachbetrieb benötigt, der über ein Baugerüst und entsprechende Sicherungsmaßnahmen für Arbeiten auf einem Dach verfügt. Zusätzlich müssen längere Kabel gezogen bis zur Einspeisesteckdose gezogen werden.

Abbildung 31: Montage auf einem Hausdach (eigene Abbildung)

8.6 Auf einem Flachdach

Besonders heikel ist die Installation auf einem Flachdach, da hier i.d.R. der Ständer nicht am Untergrund montiert und befestigt werden kann. Die Montage an diesen Stellen ist deshalb kompliziert und einfach zugleich. Wie in der folgenden Abbildung exemplarisch dargestellt werden die auf den Profilen montierten Panels mit Pflastersteinen oder Gartenplatten beschwert, sodass diese auch bei starkem Wind nicht ihre Position verändern oder gar abheben. Es muss ferner darauf geachtet werden, dass die verbauten elektronischen Bauteile so untergebracht und geschützt werden, dass sie auch bei starkem Regen nicht durch zurückspritzendes Wasser beeinträchtigt oder gar beschädigt werden.

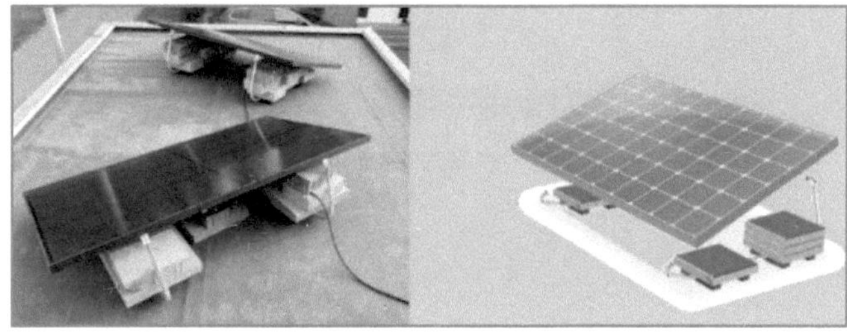

Abbildung 32: Installation auf einem Flachdach mit Beschwerung (HA Vogt GmbH , 2022)

8.7 Auf einem Gartenhaus

Ebenfalls hervorragend geeignet für die Montage von Solarmodulen sind die Dächer von Gartenhäusern. Diese haben den Vorteil, dass dort häufig Satteldächer verbaut sind, die logischerweise in zwei verschiedene Himmelsrichtungen zeigen. Bei optimaler Ausrichtung lassen sich hier die Module jeweils nach Osten und Westen ausrichten, was den Ertrag erhöht. Dies ermöglicht es theoretisch, wenn der Wechselrichter hierfür ausgelegt ist, auf jede Dachseite jeweils Module mit 600 Wp Leistung zu installieren.

Bei der Installation der Module ist darauf zu achten, dass das Dach auf dieses Gewicht dauerhaft ausgelegt ist und es durch die Aufständerung nicht undicht wird.

Abbildung 33: Nach zwei Himmelsrichtungen ausgerichtete Montage auf einem Gartenhaus (Bernd Bötel, 2022)

8.8 Als Terrassenüberdachung

Ein weiteres Beispiel für optimale Raumnutzung und Ressourcenausnutzung ist eine Terrassenüberdachung aus Solarmodulen bzw. Solarglas. Häufig sind Terrassen nach Süden ausgerichtet, was für optimale Bedingungen spricht. Je nach Größe kann eine solche Anlage als Balkonkraftwerk oder als große PV-Anlage betrieben werden und zahlt sich über kurz oder lang von selbst. Je nachdem, ob der Fokus mehr auf Ertrag oder wenig Verschattung gelegt wird, sind unterschiedliche Module bzw. Solargläser zu wählen.

Ähnlich wie bei einem Solarzaun ist hier die relative Investition niedriger als bei einer alleinstehenden PV-Anlage, da ja die grundsätzlichen Kosten für eine ähnliche Überdachung ohne Solarmodule gegengerechnet werden muss. Ein weiterer Vorteil ist, dass sich diese Anlage optisch ansprechend in das Gesamtensemble integrieren lässt.

Abbildung 34: Terrassenüberdachung mit Solarmodulen (iQ – Bausystem GmbH & Co.KG, 2022)

8.9 Als Garage für den Mähroboter

Ebenfalls eine schöne Möglichkeit ein PV-Panel mit einer zweiten Funktion zu versehen besteht bei Garagen für Mähroboter. In der folgenden Abbildung ist ein maßstabsgetreuer Bauplan für eine solche Garage beigefügt, die versierte Handwerker mit ein wenig Geschick selbst verwirklichen können. Ausgestattet mit einer Batterie kann so der Mähroboter komplett autark auch an Stellen des Grundstücks geparkt werden, die nicht mit einer Stromleitung ausgestattet sind.

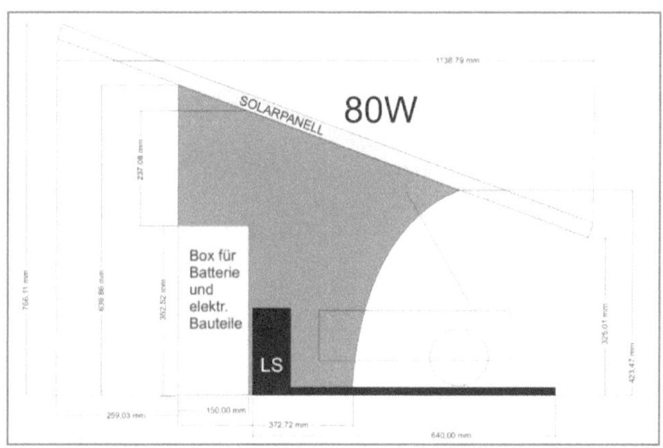

Abbildung 35: Entwurf einer Garage mit Solarpanel für einen Mährobotor (Häußler, 2022)

8.10 Als Gartenzaun

Eine weitere sehr platzeffiziente ist die Montage von Solarmodulen als Zaun. Vor allem Einfamilienhäuser verfügen i.d.R. über einen Gartenzaun. Gerade bei Neubauten oder gezielten Neugestaltungen von Gärten bei Bestandsimmobilien stellen diese Zäune eine interessante Möglichkeit zur Stromgewinnung dar. Die in der folgenden Abbildung dargestellten Zäune verfügen über eine Höhe von 110 cm und werden laut Aussage des Herstellers auf eine durchschnittliche Länge von 25 Metern verbaut, die pro 10 laufende Meter jährlich ca. 1.650 kWh Stunden Strom produzieren können (Zentrale Solarterrassen & Carportwerk GmbH, 2022).

Abbildung 36: Gartenzaun aus Solarmodulen (Zentrale Solarterrassen & Carportwerk GmbH, 2022)

Als Balkonkraftwerk kann es derzeit nur mit einer Länge von ca. 4 Metern betrieben werden, um nicht die 600 Wp zu überschreiten.

8.11 Als Sichtschutz

Eine weitere Möglichkeit, die für Gärten, Dachterrassen und Balkons gleichermaßen geeignet ist, sind Solarmodule als Sichtschutz. Auch hier besteht der Charme darin, dass an einer Stelle, an der ein bloßer Sichtschutz benötigt wird, mit Hilfe der Solarmodule direkt eine nützliche Lösung installiert wird. Dadurch, dass ein gewöhnlicher Sichtschutz auch Geld kostet, werden hierdurch die reinen Investitionskosten für die Solaranlage reduziert, was wiederum eine schnelle Amortisation begünstigt.

Abbildung 37: Solardmodule als Sichtschutzelement (Zentrale Solarterrassen & Carportwerk GmbH, 2022)

8.12 Als Hoftor

Analog zu den in den Kapiteln 8.10 und 8.11 beschriebenen Zäunen und Sichtschutzelementen können natürlich auch Hoftore mit PV-Modulen ausgestattet werden. Hierbei ist jedoch zu beachten, dass das Tor durch die Module sehr schwer wird und es entsprechend durch eine Führung gestützt werden muss.

8.13 Mit automatischer Nachführung

Besonders ertragsoptimiert sind Anlagen mit automatischer Nachführung. Diese folgen im Tagesverlauf dem Sonnenstand und erwirtschaften auf diese Art einen deutlichen höheren Ertrag als Anlagen mit starren Standorten. Hochwertige Anlagen verfügen über zweiachsige Tracker, d.h. sie können der Sonne sowohl vertikal als horizontal folgen und so auch, je nach Jahres- und Tageszeit den Winkel zur Sonne selbstständig einstellen. Auf diese Art sind bei gleicher Modulgröße bis zu 45 % mehr Ertrag auf Jahressicht möglich (Göttlicher, 2022).

Auf Grund der Größe und Gewichts des hierfür erforderlichen Fundaments eignen sich diese Anlagen jedoch nicht für Montage auf einem Balkon. Hierfür eignen sich große Terrassen oder Freiflächen in Gärten.

Abbildung 38: Balkonkraftwerk mit automatischer Nachführung (Göttlicher, 2022)

8.14 Als Terrassentisch

Eine der charmantesten und gleichzeitig die platzeffizienteste Lösung, die keine baulichen Veränderungen erfordert und weder mit dem Vermieter oder Eigentümerversammlung abgestimmt werden muss, ist ein Solar-Gartentisch wie ihn z.B. die Firma Frerkes Metalldesign UG vertreibt.

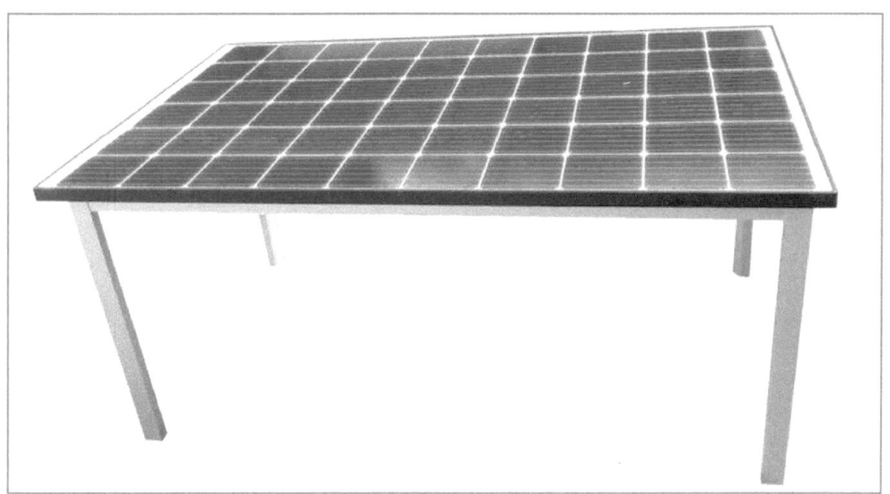

Abbildung 39: Ein Solartisch mit Platz für 4 - 6 Personen (Solarklapptisch, 2022)

Der größte Vorteil dieser Tische besteht darin, dass die allermeisten i.d.R. über den Stellplatz für einen solchen verfügen und diesen auf dem Balkon oder der Terrasse im Freien stehen haben und nicht dauerhaft benutzt werden. Es ist selbsterklärend, dass das hier verbaute Modul weniger Ertrag erzielt, wenn beispielsweise Teller oder Gläser auf ihm abgestellt sind. Das Gestell ist aus Aluminium und Edelstahl gefertigt und dadurch sehr strapazierfähig. Im Gegensatz zu Holztischen entfällt für den Besitzer das unter ein Dach stellen oder

Abdecken nach der Nutzung als Ablage. Der Tisch kann ganzjährig außen stehen bleiben (Solarklapptisch, 2022).

Auf Grund des einfachen Aufbaus eignen sich diese Tische hervorragend als DIY-Projekte.

8.15 Als Loungetisch

Noch platzsparender als der unter Kapitel 8.13 beschriebene Terrassentisch ist der von derselben Firma vertriebene Loungetisch. Auf Grund der geringen Größe von 80 x 80 cm eignet er sich hervorragend auch für kleine Balkone. Sein zeitloses modernes Design passt hervorragend zu den meisten Loungemöbeln, die derzeit auf dem Markt erhältlich sind. Im Tisch ist ein Akku verbaut, über den z.B. Handys, Tablet oder andere Kleingeräte über USB geladen werden können. Daneben ist er mit Sicherungen gegen verschiedene Störungen wie Kurzschluss, Tiefentladung oder Überladung des Akkus ausgestattet, sodass der Nutzer lange Freude an seinem Loungetisch hat und jeden Tag Geräte damit laden kann (Solarklapptisch, 2022).

Abbildung 40: Loungetisch mit Solarmodul (Solarklapptisch, 2022)

8.16 Als Sitzgruppe

Eine sehr interessante Möglichkeit stellen die von der Firma Frerkes Metalldesign UG vertriebenen Sitzgruppen mit einer Überdachung, die komplett aus Solarmodulen besteht. Die Sitzgruppe verfügt neben zwei Sitzbänken für jeweils drei Personen und einem fest montierten Tisch über einen Akku mit 200 Ah, der eine Nutzung als Inselanlage ermöglicht. Die sechs integrierten Steckdosen ermöglichen ein bequemes Laden von Elektrogeräten wie Laptops, Handy oder auch von E-Bikes (Solarklapptisch, 2022).

Die Sitzgruppe eignet sich daher hervorragend für Unternehmen, die den Pausen- oder Außenbereich ihrer Mitarbeiter aufwerten und gleichzeitig die Möglichkeit geben möchten Elektrogeräte zu laden oder kurzzeitig außerhalb des Bürogebäudes zu arbeiten.

Weitere Anwendungsmöglichkeiten sind öffentliche Flächen wie Parkplätze, Schulen, Hochschulen oder Parks.

Abbildung 41: Mit Solarmodulen überdachte Sitzgruppe (Solarklapptisch, 2022)

8.17 Als Carport

Analog zu Terrassenüberdachungen können mit den gleichen Modulen bzw. Gläsern ebenfalls Carports überdacht werden. Auch hier gilt die Regel: Ein Solardach zahlt sich über kurz oder lang von selbst und ist definitiv ein Gewinn, bei dem das Nützliche mit dem Angenehmen verbunden wird.

Solarcarports können hervorragend mit Speichern und Wallboxen ergänzt werden. Auf diese Art kann jeder seine eigene Sonnentankstelle zuhause errichten und mit dem selbst produzierten Strom das eigene Elektro- oder Hybridauto laden.

Abbildung 42: Solaranlage als Carport (iQ – Bausystem GmbH & Co.KG, 2022)

8.18 Als Balkongeländer

Nach Schätzungen verfügen 56 Mio. Menschen in der Bundesrepublik über einen oder mehrere Balkone an ihrer Wohnung oder ihrem Haus. Ähnlich wie bei Gartenzäunen oder Sichtschutzelementen handelt es sich bei Balkongeländern ebenfalls um Posten, die bei einem Bau immer Kosten produzieren. Ein Balkon ohne Geländer ist schlicht nicht nutzbar. Neben den bereits präsentierten Montagemöglichkeiten an bereits vorhandenen Geländern, kann dieses auch komplett durch eine entsprechende Konstruktion mit Solarglas ersetzt werden.

Ein Anbieter hierfür ist die Firma Zentrale Solarterrassen & Carportwerk GmbH, deren Produkte nach DIN 18008 für die technischen Regeln zur Verwendung von absturzsichernden Verglasungen zertifiziert sind.

Abbildung 43: Balkongeländer aus Solarglasplatten (Zentrale Solarterrassen & Carportwerk GmbH, 2022)

Die Verglasungen sehen sowohl von innen als auch von außen optisch ansprechend außen und lassen sich sowohl bei Bestandsimmobilien, als auch bei Neubauten gut integrieren.

Abbildung 44: Solarbalkon von innen betrachtet (Zentrale Solarterrassen & Carportwerk GmbH, 2022)

Da sich die Module jedoch von beiden Seiten sehr starken erhitzen können, ist diese Art der Anlage nicht empfehlenswert, wenn sich regelmäßig kleine Kinder auf dem Balkon aufhalten und dort spielen. Die Berührung heißer Module kann zu Verbrennungen führen.

8.19 Als Vordach

Eine Ebenfalls sehr smarte Lösung stellt die Installation des Solarmoduls als Vordach über der Eingangstür dar. Auch hier amortisiert sich die Investition relativ schnell, da jeder wieder die Kosten für das alternative Vordach ohne PV-Anlage gegengerechnet werden. Wie bei einem Carport mit Solarmodulen zahlt sich hier das Vordach über die Zeit von selbst.

Abbildung 45: PV-Anlage als Vordach (Bernd Bötel, 2022)

9. Fazit

Der Klimawandel ist eines der zentralen Themen der Gegenwart. Balkonkraftwerke bieten für Privatpersonen spannende Möglichkeiten sich mit geringen Investitionskosten aktiv gegen ihn und damit für die Energiewende zu engagieren.

Die aktuelle Gesetzeslage und die geringe Größe dieser Anlagen ermöglichen es neben Hausbesitzern auch den Bewohnern von Miet- und Eigentumswohnungen dezentral ihren eigenen Strom zu produzieren und zu verwenden. Auf diese Art kann jeder einen wichtigen Beitrag zur Energiewende beitragen und gleichzeitig CO_2 sparen und nebenbei auch noch die eigenen Stromkosten senken.

Daneben ergibt sich aus der Anzahl von ca. 40 Millionen Haushalten in Deutschland ein sehr großes Potenzial für eine klimafreundliche und dezentrale Stromproduktion. Neben den klassischen Solarmodulen, die über Profile montiert werden und ggf. Zustimmung des Vermieters oder der Eigentümergemeinschaft bei einer Eigentumswohnung erfordern, stellen Möbel mit Solarmodulen wie Solartische eine tolle Möglichkeit dar.

Eine Erhöhung der 600-Wp-Obergrenze, Förderprogramme für den Kauf von Balkonkraftwerken und Insel-Anlagen sowie eine noch zu schaffende gesetzliche Grundlage, in der auch die Schuko-Steckdose und die Installation durch Privatpersonen ausdrücklich gestattet wird, sind wünschenswert.

Es bleibt abzuwarten, wann der Gesetzgeber den Trend der Balkonkraftwerke sowie die sich daraus ergebenden Chancen erkennt und entsprechend darauf reagiert und endlich den Betrieb weiter vereinfacht und auch die maximale Leistung an die gültige EU-Richtlinie anpasst.

Literaturverzeichnis

Anondi GmbH. (22. Juli 2022). Von
   https://www.heizsparer.de/solar/solarthermie/solarthermie-
   installation abgerufen

Anondi, G. (29. Juni 2022). *Solaranlage Ratgeber.* Von
   https://www.solaranlage-ratgeber.de/photovoltaik/photovoltaik-
   voraussetzungen/photovoltaikanlage-konzeption/mini-solaranlagen
   abgerufen

Bernd Bötel. (6. Juli 2022). Von https://muenchen.solar2030.de/ abgerufen

Bosch Rexroth AG. (21. Juli 2022). Von
   https://www.boschrexroth.com/de/de/produkte/produktgruppen/m
   ontagetechnik/themen/aluminiumprofile-loesungen-komponenten/
   abgerufen

Burkhardt, J. (5. Juli 2022). Von https://echtsolar.de/photovoltaik-
   neigungswinkel/ abgerufen

Chris. (20. Juli 2022). Von https://www.siio.de/leistung-der-mini-pv-anlage-
   messen-diese-steckdosen-gehen/ abgerufen

Doormann, G. (25. Juli 2022). Von https://www.solaranlagen-
   portal.com/solarmodule/systeme/vergleich abgerufen

Elektrofachkraft. (30. Juni 2022). Von
   https://www.elektrofachkraft.de/sicheres-arbeiten/sind-
   photovoltaik-inselanlagen-meldepflichtig abgerufen

enerix® Franchise GmbH & Co KG. (11. Juli 2022). Von
   https://www.enerix.de/photovoltaiklexikon/geschichte-der-
   photovoltaik/ abgerufen

Fuchs, G. (19. 07 2022). Von https://www.net4energy.com/de-
    de/energie/photovoltaik-reihenschaltung abgerufen

Göttlicher, R. (5. Juli 2022). Von https://www.photovoltaik-
    equipment.de/produkte/pv-solar-nachf%C3%BChrsystem-sun-
    tracker/pv-anlage-mit-nachf%C3%BChrung-2-achsig-4-9m-6-5m-25m-
    40m/ abgerufen

HA Vogt GmbH . (13. Juli 2022). Von https://www.aton-
    solarparts.de/shop/produkt/1-modul-375-watt/ abgerufen

Häußler, M. (13. Juli 2022). Von https://robomaeher.de/blog/solargarage-
    fuer-rasenroboter/ abgerufen

Hoffmeier, L. (19. Juli 2022). Von https://priwatt.de/blog/wieland-vs-schuko-
    stecker-was-eignet-sich-am-besten-fur-mein-balkonkraftwerk/
    abgerufen

iQ – Bausystem GmbH & Co.KG. (4. Juli 2022). Von
    https://glasvordach.de/solarterrassenueberdachung/ abgerufen

KfW. (30. Juni 2022). Von
    https://www.kfw.de/inlandsfoerderung/Privatpersonen/Bestandsim
    mobilie/Energieeffizient-Sanieren/Photovoltaik/ abgerufen

Klar, M. (25. Juli 2022). Von https://www.elektrofachkraft.de/sicheres-
    arbeiten/vde-vorschriften-betrieb abgerufen

Klein, U. (14. Juli 2022). Von
    https://www.homeandsmart.de/balkonkraftwerk-anmelden
    abgerufen

Kraftwerke, N. (7. Juni 2022). Next Kraftwerke GmbH. Von www.next-
    kraftwerke.de abgerufen

Landeskraftwerke, B. (7. Juni 2022). *Landeskraftwere Bayern*. Von
https://www.landeskraftwerke.bayern/brombachsee.htm abgerufen

Maik Hanau Engineering Solutions. (13. Juli 2022). Von https://www.der-
fachwerker-saniert.de/balkonkraftwerk-solaranlagen-fuer-die-
steckdose/ abgerufen

Nicolas. (15. 02 2023). *https://solaranlage-mit-speicher.de/.* Von
https://solaranlage-mit-speicher.de/kaufberatung/balkonkraftwerk-
erweitern/ abgerufen

Nollau, A. (25. Juli 2022). Von
https://www.dke.de/de/arbeitsfelder/energy/mini-pv-anlage-solar-
strom-balkon-nachhaltig-erzeugen abgerufen

Noy, Y. V. (20. Juli 2022). Von https://www.enpal.de/magazin/stromzahler-
kaufen abgerufen

Orsted, W. P. (15. Juni 2022). *www.orsted.de.* Von
https://energiewinde.orsted.de/trends-technik/windenergie-
geschichte-dem-himmel-so-nah abgerufen

Pearl. (29. Juni 2022). Von https://www.pearl.de/a-ZX3216-3034.shtml
abgerufen

Radio Gong. (30. Juni 2022). Von
https://www.radiogong.de/balkonkraftwerk-solarpanel-photovoltaik-
foerderung-geld-strom abgerufen

Solar, A. (02. August 2022). Von https://www.alpha-solar.info/info/faq.html
abgerufen

Solarklapptisch. (4. Juli 2022). Von https://www.solarklapptisch.de/
abgerufen

Stadt Günzburg. (30. Juni 2022). Von https://www.guenzburg.de/umwelt-mobilitaet/klimaschutz-energie/solarkampagne/ abgerufen

Storch, L. (25. Juli 2022). Von https://www.tagesschau.de/wirtschaft/technologie/photovoltaik-recycling-101.html abgerufen

Theele, P. (12. Juli 2022). Von https://www.photovoltaik4all.de/seit-wann-gibt-es-photovoltaik abgerufen

Umweltbundesamt. (7. Juli 2022). Von https://www.umweltbundesamt.de/themen/klima-energie/erneuerbare-energien/erneuerbare-energien-in-zahlen#uberblick abgerufen

Umweltbundesamt. (11. Juli 2022). Von https://www.umweltbundesamt.de/themen/klima-energie/erneuerbare-energien/windenergie-an-land#flaeche abgerufen

Wagner, E. (28. 11 2022). *https://www.rechnerphotovoltaik.de.* Von https://www.rechnerphotovoltaik.de/photovoltaik/voraussetzungen/sonneneinstrahlung abgerufen

Wikipedia. (7. Juli 2022). Von https://de.wikipedia.org/wiki/Erneuerbare_Energien_in_Deutschland#/media/Datei:Energiemix_Deutschland.svg abgerufen

Zentrale Solarterrassen & Carportwerk GmbH. (4. Juli 2022). Von https://www.solarcarporte.de/ abgerufen

Abkürzungsverzeichnis

Abb.	Abbildung
BGB	Bürgerliches Gesetzbuch
bzw.	beziehungsweise
CO2	Kohlenstoffdioxid
d.h.	das heißt
EEG	Erneuerbare-Energien-Gesetz
EnWG	Energiewirtschaftsgesetz
i.d.R.	in der Regel
inkl.	inklusive
KfW	Kreditanstalt für Wiederaufbau
KfZ	Kraftfahrzeug
kWh	Kilowattstunde
m2	Quadratmeter
Mio.	Million
MWp	Megawattpeak
NAV	Niederspannungsverordnung
PV	Photovoltaik

StGB	Strafgesetzbuch
TAB	Technische Anschlussbestimmungen
u.a.	unter anderem
v.l.n.r	von links nach rechts
Wp	Wattpeak
z.B.	zum Beispiel

Impressum